21世纪高等学校计算机专业实用系列教材

Java项目实训

刘梦琳 主 编

宋传东 迟庆云 张莉 孙晓飞 王艳秋 副主编

清华大学出版社

北京

内容简介

计算机专业的 Java 项目实训在人才培养方案中属于实习实训课程,是培养学生综合运用所学知识,发现、提出、分析和解决实际问题,锻炼实践能力的重要课程,它涵盖了 Java 开发和工程组织、数据库等多项相关知识,旨在培养和提升计算机专业学生对 Java 相关理论知识的综合应用能力,提高学生面向对象编程的逻辑思维能力和软件开发能力。

作者精心选取了 6 个具有一定代表性的 Java 项目,由浅入深,设计思路清晰,实现步骤翔实,便于理解和学习,可帮助读者进一步提高面向对象的编程能力。

本书中的项目相互独立,读者可以从任何一个项目开始学习。

本书是一本集知识性、实践性、趣味性于一体的 Java 实训教材,既可作为普通高等学校的 Java 项目实训教材,也可作为 Java 程序设计自学者提高自身编程能力的参考资料。

版权所有,侵权必究。举报: 010-62782989,beiqinquan@tup.tsinghua.edu.cn。

图书在版编目(CIP)数据

Java 项目实训/刘梦琳主编. -- 北京:清华大学出版社,2025.3. --(21 世纪高等学校计算机专业实用系列教材). -- ISBN 978-7-302-68559-3

Ⅰ. TP312.8

中国国家版本馆 CIP 数据核字第 2025C8L900 号

责任编辑:闫红梅 张爱华
封面设计:刘 键
责任校对:刘惠林
责任印制:丛怀宇

出版发行:清华大学出版社
网 址:https://www.tup.com.cn,https://www.wqxuetang.com
地 址:北京清华大学学研大厦 A 座
邮 编:100084
社 总 机:010-83470000
邮 购:010-62786544
投稿与读者服务:010-62776969,c-service@tup.tsinghua.edu.cn
质量反馈:010-62772015,zhiliang@tup.tsinghua.edu.cn
课件下载:https://www.tup.com.cn,010-83470236
印 装 者:涿州汇美亿浓印刷有限公司
经 销:全国新华书店
开 本:185mm×260mm 印 张:14.25 字 数:345 千字
版 次:2025 年 4 月第 1 版 印 次:2025 年 4 月第 1 次印刷
印 数:1~1500
定 价:49.00 元

产品编号:066749-01

前 言

Java 是当前流行的一种计算机编程语言,它的安全性、平台无关性、可移植性等特点给编程人员带来了一种崭新的设计理念。Java 的应用领域极其宽广,从桌面应用开发到大型复杂的企业级开发再到小型便携式设备开发,都随处可见 Java 活跃的身影。

为了培养计算机专业学生面向对象编程思想和实践动手能力,无缝打造计算机专业应用型人才,实现学生零距离就业,就需要给学生提供相应的实践性强的实训教材。本书正是以这一需求为出发点,以 6 个典型的项目为框架,通过各种应用场景展示了 Java 项目开发中相关知识的综合应用。这 6 个项目分别是:

项目 1:简单计算器的设计与实现。
项目 2:简单文本编辑器的设计与实现。
项目 3:学生信息管理系统的设计与实现。
项目 4:《俄罗斯方块》游戏的设计与实现。
项目 5:《贪吃蛇》游戏的设计与实现。
项目 6:简单聊天室的设计与实现。

以上项目是作者结合多年的教学经验精心选取的,涵盖了 Java 中的类和对象、继承和多态、泛型和集合、流与文件、图形用户界面编程、JDBC 编程、网络编程等相关知识,集应用性、趣味性于一体,设计思路清晰易懂,可帮助学生进一步理解面向对象的编程思想,培养分析和解决问题的能力,提高面向对象的软件开发水平。

本书由枣庄学院信息科学与工程学院刘梦琳、宋传东、迟庆云、张莉、孙晓飞、王艳秋共同完成,刘梦琳负责全部书稿和资源的审定。

本书中的全部代码都是作者亲自编写并在 Eclipse 中调试通过。如有需要,可从清华大学出版社网站(www.tsinghua.edu.cn)下载。

由于作者水平有限,书中难免有疏漏之处,敬请广大读者不吝赐教。

作 者
2025 年 1 月

目 录

项目 1　简单计算器的设计与实现 …… 1
    1.1　本项目的实训目的 …… 1
    1.2　本项目所用到的 Java 相关知识 …… 1
    1.3　本项目的功能需求分析 …… 8
    1.4　本项目的设计方案 …… 8
    1.5　本项目的实现过程 …… 10
    1.6　总结 …… 17

项目 2　简单文本编辑器的设计与实现 …… 18
    2.1　本项目的实训目的 …… 18
    2.2　本项目所用到的 Java 相关知识 …… 18
    2.3　本项目的功能需求分析 …… 23
    2.4　本项目的设计方案 …… 25
    2.5　本项目的实现过程 …… 25
    2.6　总结 …… 44

项目 3　学生信息管理系统的设计与实现 …… 45
    3.1　本项目的实训目的 …… 45
    3.2　本项目所用到的 Java 相关知识 …… 45
    3.3　本项目的功能需求分析 …… 46
    3.4　本项目的设计方案 …… 50
    3.5　本项目的实现过程 …… 56
    3.6　总结 …… 156

项目 4　《俄罗斯方块》游戏的设计与实现 …… 157
    4.1　游戏简介 …… 157
    4.2　本项目的实训目的 …… 157
    4.3　本项目所用到的 Java 相关知识 …… 157
    4.4　本项目的功能需求分析 …… 159
    4.5　本项目的设计方案 …… 161

  4.6 本项目的实现过程 ………………………………………………………… 161
  4.7 总结 ……………………………………………………………………… 178

项目5 《贪吃蛇》游戏的设计与实现 ……………………………………………… 179

  5.1 游戏简介 ………………………………………………………………… 179
  5.2 本项目的实训目的 ……………………………………………………… 179
  5.3 本项目所用到的Java相关知识 ………………………………………… 179
  5.4 本项目的功能需求分析 ………………………………………………… 179
  5.5 本项目的设计方案 ……………………………………………………… 180
  5.6 本项目的实现过程 ……………………………………………………… 180
  5.7 总结 ……………………………………………………………………… 190

项目6 简单聊天室的设计与实现 ………………………………………………… 191

  6.1 本项目的实训目的 ……………………………………………………… 191
  6.2 本项目所用到的Java相关知识 ………………………………………… 191
  6.3 本项目的功能需求分析 ………………………………………………… 196
  6.4 本项目的设计方案 ……………………………………………………… 198
  6.5 本项目的实现过程 ……………………………………………………… 198
  6.6 总结 ……………………………………………………………………… 219

项目 1　简单计算器的设计与实现

1.1　本项目的实训目的

通过本项目的训练,培养读者综合运用 Java Swing 图形用户界面编程中的相关知识(容器类(JFrame、JPanel 类)、布局管理器类、命令按钮类、文本框类、对话框类、Java 事件处理机制和事件处理过程)解决实际问题的能力。

1.2　本项目所用到的 Java 相关知识

1. Java Swing 图形用户界面

Java 从诞生到现在已经提供了两类图形用户界面。

一类是 Java 1.0 发布时就包含的 AWT(抽象窗口工具箱)图形用户界面,AWT 是 Java Swing 图形用户界面的基础,为 Java 应用程序提供了基本的图形组件,这些组件存放在 java.awt 包中,对于简单的应用程序来说,AWT 的应用效果还可以,但是要想编写高质量、高性能、可移植的图形用户界面却是很困难的,因为它的平台相关性强,使用它创建的程序运行在不同的平台上会有不同的外观效果。

另一类是为了改进 AWT 图形界面中的不足,在 AWT 的基础上推出的 Java Swing 图形用户界面。

2. Swing 简介

由于 AWT 的不足表现,如 awt 包所包含的组件,其外观是固定的,无法改变,这就使得开发出来的界面非常死板。这种设计是站在操作系统的角度开发图形用户界面,主要考虑的是程序与操作系统的兼容性。这样做的最大问题就是灵活性差,可移植性差,而且程序在运行时还会消耗很多系统资源。针对 AWT 存在的问题,Sun 公司于 1998 年对其进行了扩展,开发出了 Java Swing 图形用户界面,其组件包含在 javax.swing 包中。相对于 AWT 图形用户界面,Java Swing 图形用户界面不仅改进和增加了功能,而且减弱了平台相关性,即 Java Swing 图形用户界面与具体的计算机操作系统关联性较小。

但是 Swing 并没有完全替代 AWT,而是基于 AWT 之上。Swing 仅仅提供了能力更加强大的组件,但是在图形用户界面中用到的布局管理器、事件处理等依然采用的是 AWT 的内容。Swing 组件位于 javax.swing 包中。

3. 图形用户界面相关术语

1) 组件

Java Swing 图形用户界面的最基本组成部分就是组件。组件是构成图形用户界面的基本成分和核心元素,是以图形化的方式显示在屏幕上并能与用户进行交互的对象。组件不能单独显示出来,必须将组件放在一定的容器中才能显示。

Java Swing 常用的组件有按钮、标签、图标、文本组件、复选框、单选按钮、列表框、组合框等。本项目主要使用按钮和文本框组件。

2) 容器

容器是图形用户界面中容纳组件的部分。一个容器可容纳一个或多个组件,甚至可以容纳其他容器。容器与组件的关系就像杯子和水的关系。需要说明的是,容器本身也是一个组件,具有组件的所有性质,但是其主要功能是容纳其他组件或容器,在其可视区域内显示这些组件。Swing 中的容器有两类:顶层容器和中间容器。

顶层容器就是不包含在其他容器中的容器。Swing 常用的顶层容器有 JFrame、JApplet、JDialog、JWindow 共 4 个。其中最常用的是 JFrame。

中间容器不能作为顶层容器,它必须放在其他容器中。JPanel 和 JScrollPane 是最常用的中间容器,通常称为"面板"和"滚动面板"。

3) 布局管理器

组件在被放到容器中时,要遵循一定的布局方式。在 Java Swing 图形用户界面中,有专门的类来管理组件的布局,称这些类为布局管理器,其作用就是管理组件在容器中的布局格式。

布局管理器提供基本的布局功能,与确定各个组件的精确位置和大小相比,这些功能更容易使用。布局管理器位于 java.awt 包中,常用的布局管理器有 FlowLayout、BorderLayout、GridLayout、CardLayout 等。

用吃饭的例子就能很好地说明这 3 个术语之间的关系。其中,容器好比吃饭的桌子,组件好比各盘菜。我们放菜时总要安排一下哪个菜应该放在什么位置,这就是布局管理器。

4. 顶层容器之 JFrame 类的使用

JFrame 类包括一些方法,这些方法可以帮助读者完成与窗口有关的操作。常用方法及其作用列举如下。

1) 用于控制窗口大小的方法

pack():会根据所容纳的组件自定义窗口的大小。

setSize(w,h):设置的窗口大小是固定的,不受组件的影响。如果设置的窗口小于组件大小,就会出现部分组件不能显示的情况。这种情况在使用 pack()方法时不会出现。

以上两种方法设置的窗口默认显示在屏幕的左上角。

如果要改变窗口初始显示的位置就要用以下方法。

setLocation(x,y):设置窗口在屏幕上显示的位置。

setBounds(x,y,w,h):不但可以设置窗口的大小,而且可以设置窗口在屏幕上显示的位置。其中,x 和 y 是设置窗口在屏幕上显示的起始坐标,w 和 h 是设置窗口的大小。

2) 设置标题窗口的方法

setTitle(String s):可以设置窗口的标题。例如,win.setTitle("简单计算器"),该语句是将 win 所指向的窗口的标题设置为"简单计算器"。

3) 设置窗口前景色和背景色的方法

setForeground(Color c):用于设置窗口前景色。

setBackground(Color c)：用于设置窗口背景色。

这两种方法的参数都是颜色参数，Color 是专门用于处理颜色的类。

例如：

win.setBackground(Color.blue);

该语句是将 win 指向的窗口的背景色设置为蓝色。

4）显示窗口的方法

setVisible(boolean b)：将窗口显示在屏幕上。其中的参数是布尔值。当参数值为 true 时，显示窗口；当参数值为 false 时，不显示窗口。窗口默认是不可见的。

show()：也可以实现显示窗口的功能，它与 setVisible(boolean b) 方法在应用上没有区别。

5）设置窗口图标的方法

setIconImage(Image image)：设置窗体左上角的图标。

6）设置窗口的默认关闭方法

setDefaultCloseOperation(int operation)：设置当单击窗体右上角的"关闭"按钮后，程序所做出的处理操作。其中参数 operation 取 JFrame 类中的 int 型 static（静态）常量，程序根据该参数的不同取值会做出不同的处理。JFrame 类中的 int 型 static 常量及其作用如下。

EXIT_ON_CLOSE：将结束窗口所在的应用程序。

DO_NOTHING_ON_CLOSE：程序不做任何操作。

HIDE_ON_CLOSE：隐藏当前窗口。

DISPOSE_ON_CLOSE：隐藏当前窗口，并释放窗口占用的其他资源。

7）向窗口中添加组件的方法

add(Component comp)：向窗口中添加组件。

8）设置窗口是否可调的方法

setResizable(boolean b)：设置窗口是否可调大小，默认窗口大小可调。

9）撤销当前窗口的方法

dispose()：撤销当前窗口，并释放当前窗口所占用的资源。

10）设置窗口布局的方法

setLayout(LayoutManager m)：将窗口的布局设置为指定的布局。窗口的默认布局为 BorderLayout 布局。

5. 中间容器之 JPanel 类的使用

JPanel 类的应用与 JFrame 类几乎完全一样，JFrame 对象能容纳的组件都能摆放在 JPanel 对象中。在布局管理器的应用上也是一样的。不同的是 JFrame 对象可以独立应用，而 JPanel 对象只能依附于 JFrame 对象才能应用。也就是说，如果想应用 JPanel，之前必须有一个 JFrame 类建立的对象存在，才可以在这个已经存在的对象上再应用 JPanel 对象。

JPanel 对象是隐性显示的。它并不像 JFrame 类建立的窗口那样可以显示出来。利用这一特点，就可以在 JFrame 类建立的对象上应用若干 JPanel 对象，把 JFrame 对象划分成若干区域，每个区域都可以独立应用。如果在 JFrame 对象中只用到一种布局管理器，是没有必要再用 JPanel 对象的，但是如果要在一个 JFrame 对象中以不同的布局方式摆放组件，就要用到 JPanel 对象了。

创建 JPanel 对象的常用方式有如下两种。

方式一：JPanel 对象名 = new JPanel();

方式二：JPanel 对象名 = new JPanel(布局管理器);

应用方式二创建 JPanel 时，同时就可以设置它的布局管理器。如下面的语句：

JPanel jp = new JPanel(new FlowLayout());

JPanel 类常用的方法有：

(1) 向 JPanel 对象中添加组件的方法。

add(Component comp)：向 JPanel 对象中添加组件。

(2) 设置窗口布局的方法。

setLayout(LayoutManager m)：将 JPanel 对象的布局设置为指定的布局。JPanel 对象的默认布局为 FlowLayout 布局。

6．布局管理器之 FlowLayout 类的使用

FlowLayout 是一个最简单的布局管理器，这个布局管理器的功能就是将容器中的所有组件按照添加时的顺序从左到右、从上到下流动地安排到容器中。因此，它又被称为流布局管理器。默认情况下，第一个被添加的组件摆放在第 1 行居中位置，其后添加的组件摆放在第一个组件的后面。当第 1 行再也放不下组件时，其后的组件从第 2 行开始从左到右摆放。以此类推，直到添加完所有组件。

7．布局管理器之 GridLayout 类的使用

GridLayout 又称网格布局管理器。它可以通过行数和列数的设置，把容器划分成若干单元格，且每个单元格大小都一样。在向其中添加组件时，组件将按照添加的顺序从左到右、从上到下依次添加到相应的单元格里。

8．常用组件之 JTextField 类的使用

文本框是界面中只能接收单行文本输入的组件。JTextField 是实现文本框组件的类，该类与 java.awt.TextField 具有源代码兼容性，并具有建立字符串的方法，此字符串用作针对被激发的操作事件的命令字符串。

创建文本框的方式有以下 4 种。

方式一：JTextField 对象名＝new JTextField();

方式二：JTextField 对象名＝new JTextField(String s);

方式三：JTextField 对象名＝new JTextField(int n);

方式四：JTextField 对象名＝new JTextField(String s,int n);

JTextField 类常用的方法如下。

设置文本框内容的方法：setText(String s);

获取文本框内容的方法：getText();

设置文本框中的文本对齐的方法：setHorizontalAlignment(int alignment)

例如：

setHorizontalAlignment(JTextField.RIGHT)；设置文本框中的文本右对齐。

9. 常用组件之 JButton 类的使用

按钮是图形用户界面中最常用的组件。Swing 用 JButton 类来创建按钮。当单击按钮时，按钮将处于"下压"形状，松开后又恢复原状。在按钮中可以显示图标、字符串或两者同时显示。

按钮可以用如下 3 种方式创建。

方式一：JButton 对象名＝new JButton(String s)；
方式二：JButton 对象名＝new JButton(ImageIcon image)；
方式三：JButton 对象名＝new JButton(String s,ImageIcon image)；

方式一创建的按钮显示的信息是文字。方式二创建的按钮显示的信息是图片。方式三创建的按钮显示的信息是文字和图片。

下面的语句创建了一个"提交"按钮：

JButton tiJiao = new JButton("提交");

10. 标准对话框

标准对话框包含在 JOptionPane 类中。JOptionPane 类中提供了如表 1-1 所示的 4 种显示不同对话框的静态方法，这些对话框都是有模式对话框。

表 1-1　JOptionPane 类中的静态方法

方　法	功　能　说　明
showConfirmDialog()	显示确认对话框，等待用户确认(OK/Cancle)
showInputDialog()	显示输入对话框，等待用户输入信息。以字符串形式返回用户输入的信息
showMessageDialog()	显示消息对话框，等待用户单击"确定"按钮
showOptionDialog()	显示选择对话框，等待用户在一组选项中选择。将用户选择的选项下标值返回

1) 消息对话框

创建消息对话框的方法如下。

void showMessageDialog(Component parentComponent,Object message)：显示一个指定信息的消息对话框。

void showMessageDialog(Component parentComponent,Object message,String title,int messageType)：显示一个指定信息、标题和消息类型的消息对话框。

参数说明：

parentComponent：父组件。如果为 null，则对话框将显示在屏幕中央；否则根据父组件所在窗体来确定位置。

message：消息内容。

title：标题。

messageType：消息类型。在对话框中，左边显示的图标取决于消息类型，不同的消息类型显示不同的图标。在 JOptionPane 中提供了 5 种消息类型：ERROR_MESSAGE(错误)、INFORMATION_MESSAGE(通知)、WARNING_MESSAGE(警告)、QUESTION_MESSAGE(疑问)、PLAIN_MESSAGE(普通)。

2) 输入对话框

输入对话框可以为用户提供与系统进行交互的功能。用户可以在对话框中选择或输入相应信息,系统会收集这些信息,为判断下一步操作提供数据。创建输入对话框的方法是 JOptionPane 类中的静态方法 showInputDialog()。

创建输入对话框的方法如下。

String showInputDialog(Object message):显示一个 QUESTION_MESSAGE 类型的、指定提示信息的输入对话框。

String showInputDialog(Component parentComponent,Object message):在指定父组件上显示一个 QUESTION_MESSAGE 类型的、指定提示信息的输入对话框。

String showInputDialog(Component parentComponent,Object message,String title,int messageType):在指定父组件上显示一个指定提示信息、标题和消息类型的输入对话框。

3) 确认对话框

确认对话框可以为用户在进行一个重要操作之前进行再次确认,以保证操作的严谨性。例如,当用户要删除一些信息时,可以利用确认对话框来进一步确认。创建确认对话框的方法是 JOptionPane 类中的静态方法 showConfirmDialog()。

创建确认对话框的方法如下。

int showConfirmDialog(Component parentComponent,Object message):显示一个指定提示信息的确认对话框。

int showConfirmDialog(Component parentComponent,Object message,String title,int optionType):显示一个指定提示信息、选项类型和标题的确认对话框。

其中,参数 optionType 代表选项类型,它决定该对话框中有哪几个按钮选项。

JOptionPane 类中提供了 4 种选项类型。

DEFAULT_OPTION:默认的按钮。

YES_NO_OPTION:有 yes 和 no 按钮。

YES_NO_CANCEL_OPTION:有 yes、no 和 cancel 按钮。

OK_CANCEL_OPTION:有 ok 和 cancel 按钮。

例如:

```
int r = JOptionPane.showConfirmDialog(null, "您确定要删除吗?","删除",JOptionPane.
        YES_NO_OPTION);
```

4) 选项对话框

选项对话框是一种等待用户在一组选项中选择,并将用户选择的选项下标值返回的对话框。创建选项对话框的方法是 JOptionPane 类中的静态方法 showOptionDialog()。

JOptionPane 中用于显示选项对话框的方法如下。

int showOptionDialog(Component parentComponent, Object message, String title, int optionType, int messageType, Icon icon, Object[ ] options, Object initialValue)

该方法创建一个指定各参数的选项对话框。

11. 图形用户界面中的事件处理机制

任何支持图形用户界面(GUI)的操作环境都要不断地监视敲击键盘或单击这样的事件。操作环境将这些事件报告给正在运行的应用程序。如果有事件产生,每个应用程序将决定如何对它们做出响应。如当用户用鼠标单击了某一界面上的按钮组件或者用键盘在某个文本框中输入内容时,这些动作就会产生相应的事件,然后操作环境就将这些事件报告给程序,最后程序要对这些事件进行相应的处理。

要想熟练地进行事件处理,必须要先掌握事件、事件源、事件处理、监听器、处理事件的接口之间的关系。

1) 事件

在 Java 中,用户敲击键盘或单击所产生的动作都被称为事件。如用户单击了按钮,就产生了对按钮的"单击事件"。这也就是说,事件就是对组件做的一个动作。事件是由用户操作触发的,不是通过 new 运算符创建的。

在 Java 中,关于事件的信息是被封装在一个事件对象中。所有的事件类型都是从 EventObject 类派生而来的。当然,每个事件类型还有子类,例如 ActionEvent 和 WindowEvent。

2) 事件源

事件源就是产生事件的对象。事件源通常是图形用户界面中的组件,如按钮、文本框等。也就是说,事件源必须是一个对象,而且这个对象必须是 Java 认为能够发生事件的对象。

不同的事件源会产生不同的事件。例如,单击按钮,会产生动作事件(ActionEvent);关闭窗口,会产生窗口事件(WindowEvent)。

3) 事件处理

所谓的事件处理就是当事件源产生事件后,系统做出反应的过程。即事件产生后,系统要根据事件的请求做出相应的响应,以完成用户要达到的目的过程。处理事件的任务由一段代码来完成,如用户单击某个按钮后,窗口就关闭了。单击按钮就是一个事件,用户要通过这个事件达到"窗口的关闭"的目的,系统要根据这个单击事件调用用于关闭窗口的程序,执行完后,将窗口关闭,完成事件的处理。

4) 监听器

Java 在进行事件处理时采用的是委托处理模式。也就是说,Java 的事件处理并不是由组件本身完成的,组件产生的事件和事件的处理过程是分开的。在这种事件处理模式下,就需要在事件源和事件处理之间架起一座桥梁,称为监听器。监听器是一个对象,要想实现监听功能,需要事件源调用 addXxxListener() 方法注册监听器(其中,Xxx 是事件的类型)。当一个事件源注册了某个监听器后,如果事件源产生了一个事件,监听器就能及时监听并捕获到该事件并做出相应的处理。

5) 处理事件的监听接口

监听器是一个对象,为了处理事件源产生的事件,监听器会自动调用一个方法来处理事件。那么监听器调用哪个方法呢?我们知道,一个对象能调用创建它的那个类中的方法,但是到底该调用哪个方法?

Java 规定:为了让监听器这个对象能对事件源产生的事件进行处理,创建该监听器对象的类(即监听类)必须实现相应的监听接口,并且重写该接口中的所有方法。这样做好后,当事件源产生事件时,监听器就能自动调用被重写的方法完成事件处理。

综上所述,Java 进行事件处理采用的是委托处理机制,处理步骤大致如下。

第一步:创建监听类,实现某个特定监听接口,重写接口中的事件处理方法。

第二步:创建监听器对象。它是第一步中所创建的监听类的一个实例。

第三步：利用事件源的 addXxxListener() 方法将监听器注册到事件源上。当事件发生时，事件源就会将事件对象传递给监听器对象，然后监听器对象将利用事件对象中的信息决定如何对事件做出响应。

其中：

监听类是一个实现监听接口的类，它可以实现一个或多个监听接口。监听接口是 Java 类库中已定义好的接口。例如：

```
class MyListener implements ActionListener {…}
```

事件处理方法是监听接口中已经定义好的相应的事件处理方法，在创建监听类时，需要重写这些事件处理方法，将事件处理的代码放入相应的方法中。例如：

```
class MyListener implements ActionListener {
    // 重写 ActionListener 接口中的事件处理方法 actionPerformed()
    public void actionPerformed(ActionEvent e) {
    }
}
```

监听器是监听类的一个实例对象，具有监听功能。当将此监听器注册到事件源上后，如果在该事件源上发生相应的事件，该事件就会被此监听器捕获并调用相应的方法进行事件处理。例如：

```
MyListener listener = new MyListener();          //创建一个监听器对象
button.addActionListener(listener);              //注册监听
```

1.3 本项目的功能需求分析

本项目需要设计实现出如图 1-1 所示的计算器。该计算器不仅能够实现数据的连续加、减、乘、除基本的计算功能，而且还能实现求一个数的平方根、倒数、百分数的功能，同时还具有退格、清零、复位的功能。

图 1-1 计算器运行窗口

1.4 本项目的设计方案

根据上述需求分析可知，首先需要创建一个窗口，使用布局管理器将该窗口分成如图 1-2 所示的 3 部分，再将第三部分分成左、右两部分。在第一部分中添加一个文本框，文字右对齐；在第二部分放置←(退格)、CE(清空)、C(复位)、About(关于)4个按钮；第三部分的左边放置0~9、+/-、. 12个按钮,右边放置+、-、*、/、√(求平方根)、%、1/x、=8个按钮。然后对每个按钮进行相应的单击事件处理。

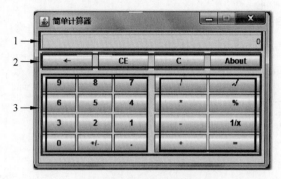

图 1-2 窗口的布局管理

单击事件处理是本项目的核心内容,其处理流程如图1-3所示。

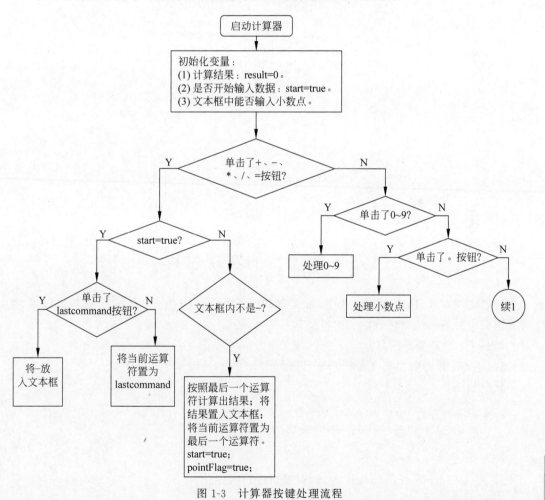

图 1-3 计算器按键处理流程

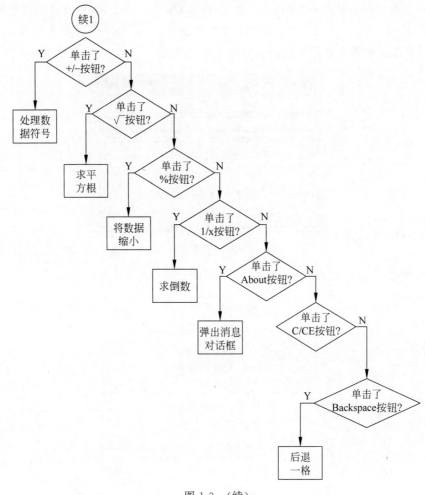

图 1-3 （续）

1.5 本项目的实现过程

要想完成本项目,需要分为两步,首先要利用组件创建出如图 1-2 所示的静态窗口,然后对窗口中的各个按钮进行单击事件处理。

第一步：创建静态窗口。

1. 定义计算器窗口类(Calculator),该类作为主类,并继承 JFrame 类。

代码如下：

```
public class Calculator extends JFrame{
    public static void main(String args[]) {
    }
}
```

2. 定义 Calculator 类的构造方法,对窗口进行初始化。

代码如下：

```
public Calculator() {
```

```
this.setTitle("简单计算器");                              //设置窗口的标题
this.setSize(320, 220);                                  //设置窗口的大小
this.setLocation(380, 260);                              //设置窗口的位置
this.setBackground(Color.LIGHT_GRAY);                    //设置窗口的背景色
this.setLayout(new FlowLayout());                        //设置窗口的布局为流式布局
this.setResizable(false);                                //设置窗口的大小不可改变
this.setDefaultCloseOperation(JFrame.EXIT_ON_CLOSE);     //设置窗口的默认关闭方式
}
```

3. 在main()方法中创建一个Calculator类的一个对象,将该对象设置为可见。代码如下:

```
Calculator cal = new Calculator();
cal.setVisible(true);
```

这时运行该程序,可以得到一个标题为"简单计算器"的空窗口。

下面就要向窗口中添加文本框和命令按钮了。

4. 定义并创建一个文本框对象,将其添加到窗口中。

(1) 在Calculator类中定义一个文本框对象:private JTextField txtResult;

(2) 在构造方法中创建文本框对象:txtResult=new JTextField(28);

(3) 将文本框设置为右对齐方式:txtResult.setHorizontalAlignment(JTextField.RIGHT);

(4) 将文本框设置为不可编辑状态:txtResult.setEditable(false);

(5) 将文本框初值设为空串,并添加到窗口中:

```
txtResult.setText("");
this.add(txtResult);
```

5. 定义并创建一个1行4列的面板dispTop,将其添加到窗口中。

(1) 在Calculator类中定义一个面板对象:

```
private JPanel dispTop;
```

(2) 在构造方法中创建面板对象:

```
dispTop = new JPanel();
```

(3) 将面板dispTop的布局设置为设置为1行4列的网格布局:

```
dispTop.setLayout(new GridLayout(1, 4, 13, 13));
```

(4) 将面板dispTop添加到窗口中:

```
this.add(dispTop);
```

6. 定义并创建"退格""清空""复位""关于"4个按钮,将4个按钮顺序添加到面板dispTop中。

(1) 在Calculator类中定义4个按钮对象:

```
private JButton backspace, c, ce, about;
```

(2) 在构造方法中创建上述4个按钮,并添加到面板dispTop中:

```
backspace = new JButton("←");               //创建"退格"按钮
backspace.setForeground(Color.BLUE);         //设置"退格"按钮的前景色
```

```
dispTop.add(backspace);                        //将"退格"按钮添加到面板 dispTop 中
ce = new JButton("CE");
ce.setForeground(Color.BLUE);
dispTop.add(ce);
c = new JButton("C");
c.setForeground(Color.BLUE);
dispTop.add(c);
about = new JButton("About");
about.setForeground(Color.BLUE);
dispTop.add(about);
```

7. 定义并创建一个 1 行 2 列的面板 dispMain，将其添加到窗口中。

（1）在 Calculator 类中定义一个面板对象：

`private JPanel dispMain;`

（2）在构造方法中创建面板对象：

`dispMain = new JPanel();`

（3）将面板 dispTop 的布局设置为设置为 1 行 2 列的网格布局：

`dispMain.setLayout(new GridLayout(1, 2, 10, 10));`

（4）将面板 dispMain 添加到窗口中：

`this.add(dispMain);`

8. 定义并创建一个 4 行 3 列的面板 dispLeft，将其添加到面板 dispMain 中。

（1）在 Calculator 类中定义一个面板对象：

`private JPanel dispLeft;`

（2）在构造方法中创建面板对象：

`dispLeft = new JPanel();`

（3）将面板 dispLeft 的布局设置为设置为 4 行 3 列的网格布局：

`dispLeft.setLayout(new GridLayout(4, 3, 3, 3));`

（4）将面板 dispLeft 添加到面板 dispMain 中：

`dispMain.add(dispLeft);`

9. 定义并创建 0～9 共 10 个按钮，并将其添加到 dispLeft 中。

（1）在 Calculator 类中定义存放 0～9 共 10 个按钮的一维数组：

`private JButton button[];`

（2）在构造方法中创建数组 button：

`button = new JButton[10];`

（3）创建 10 个数字按钮，并添加到面板 dispLeft 中：

```
for (int i = 9; i >= 0; i--) {
    button[i] = new JButton(String.valueOf(i));
    dispLeft.add(button[i]);
}
```

10. 定义并创建＋/－、两个按钮，并将其添加到到 dispLeft 中。

(1) 在 Calculator 类中定义 2 个按钮对象：

private JButton point, zfh;

(2) 在构造方法中创建这 2 个对象，并添加到面板 dispLeft 中：

```
point = new JButton(".");
zfh = new JButton("+/-");
dispLeft.add(zfh);
dispLeft.add(point);
```

11. 定义并创建一个 4 行 2 列的面板 dispRight，将其添加到面板 dispMain 中。

(1) 在 Calculator 类中定义一个面板对象：

private JPanel dispRight;

(2) 在构造方法中创建面板对象：

dispRight = new JPanel();

(3) 将面板 dispRight 的布局设置为设置为 4 行 2 列的网格布局：

dispRight.setLayout(new GridLayout(4, 2, 3, 3));

(4) 将面板 dispRight 添加到面板 dispMain 中：

dispMain.add(dispRight);

12. 定义并创建＋、－、＊、/、√、％、1/x、＝8 个按钮，并将其添加到到 dispRight 中。

(1) 在 Calculator 类中定义 8 个按钮对象：

private JButton jia, jian, cheng, chu, equ, sqrt, ds, bfh;

(2) 在构造方法中创建这 8 个对象，并添加到面板 dispRight 中：

```
jia = new JButton("+");
jia.setForeground(Color.RED);
jian = new JButton("-");
jian.setForeground(Color.RED);
cheng = new JButton("*");
cheng.setForeground(Color.RED);
chu = new JButton("/");
chu.setForeground(Color.RED);
equ = new JButton("=");
equ.setForeground(Color.RED);
sqrt = new JButton("√");
bfh = new JButton("%");
ds = new JButton("1/x");
dispRight.add(chu);
dispRight.add(sqrt);
dispRight.add(cheng);
dispRight.add(bfh);
dispRight.add(jian);
dispRight.add(ds);
dispRight.add(jia);
dispRight.add(equ);
```

至此，运行该程序，将得到如图 1-1 所示的计算器窗口。但是这时该窗口中的各个按钮是不起作用的，原因就是还没有对这些按钮进行事件处理。

事件处理是该程序的关键部分，下面完成按钮的事件处理过程。

第二步：对按钮进行事件处理。

由于本项目中的计算功能都是通过单击按钮来完成的，并且当单击按钮时可以触发 ActionEvent 事件，所以需要对单击按钮产生的 ActionEvent 事件进行处理。

处理过程如下。

1. 创建监听类。该类实现 ActionListener 接口，并且重写接口中的事件处理方法：public void actionPerformed(ActionEvent e)方法。该方法的功能是对用户的操作（单击按钮）做出响应，正确实现计算器的计算过程。该方法的实现过程参照图 1-3 所示的计算流程。

创建监听类大致有以下几种方法。

（1）将当前窗口实现某个监听接口后作为监听类。这种方法比较常用。

（2）将监听类定义为窗口类中的成员内部类。

（3）将监听类定义为窗口类中的匿名内部类。

在本项目中采用第一种方法实现监听类。

代码如下：

```java
public class Calculator extends JFrame implements ActionListener {
    //其他代码省略
    //定义一个存放计算结果的变量,初始为0
    private double result = 0;
    //定义一个存放最后一个操作符的变量,初始为" = "
    private String lastCommand = " = ";
    //定义一个标识变量,标识是否开始计算,初始为"true"
    private boolean start = true;
    //定义一个标识变量,标识当前数中是否能输入小数点,用来确保一个数中只能有一个小数点,
    //初始为"true"
    private boolean pointFlag = true;
//其他代码省略
//在 Calculator 类中重写对各个按钮进行事件处理的方法
    public void actionPerformed(ActionEvent e) {
        //获取事件源的文本
        String input = e.getActionCommand();
        //单击操作符号按钮
        if (input.equals(" + ") || input.equals(" - ") || input.equals(" * ")
                || input.equals("/") || input.equals(" = ")) {
            if (start) {
                if (input.equals(" - ") && txtResult.getText().equals("")) {
                    txtResult.setText(input);
                    start = false;
                } else
                    lastCommand = input;
            } else {
                if (!txtResult.getText().equals(" - ")) {
                    calculate(Double.parseDouble(txtResult.getText()));
                    lastCommand = input;
                    start = true;
                    pointFlag = true;
                }
            }
```

```java
        } else if (input.equals("0") || input.equals("1") || input.equals("2")
                || input.equals("3") || input.equals("4") || input.equals("5")
                || input.equals("6") || input.equals("7") || input.equals("8")
                || input.equals("9")) {
            if (start) {
                txtResult.setText("");
                start = false;
            }
            txtResult.setText(txtResult.getText() + input);
        } else if (input.equals(".")) {
            if (start == false && pointFlag == true&&!txtResult.getText().equals("")
                    && !txtResult.getText().equals("-")) {
                txtResult.setText(txtResult.getText() + input);
                pointFlag = false;
            }
        } else if (e.getSource() == zfh) {                //正负号切换,正号不显示
            if (!txtResult.getText().equals("")
                    && !txtResult.getText().equals("-")) {
                result = Double.parseDouble(txtResult.getText());
                String s = txtResult.getText();
                char a = s.charAt(0);
                if (a == '-') {
                    txtResult.setText("");
                    for (int i = 1; i < s.length(); i++) {        //去掉负号
                        txtResult.setText(txtResult.getText() + s.charAt(i));
                    }
                } else if (result != 0) {                //加上负号
                    txtResult.setText("-" + s);
                }
                result = Double.parseDouble(txtResult.getText());
            }
            start = true;
            pointFlag = true;
        } else if (e.getSource() == sqrt) {                //求平方根
            if (!txtResult.getText().equals("")
                    && !txtResult.getText().equals("-")) {
                result = Double.parseDouble(txtResult.getText());
                if (result >= 0) {
                    result = Math.round(Math.sqrt(result));
                    txtResult.setText("" + result);
                    start = true;
                    pointFlag = true;
                } else {
                    txtResult.setText("不能对负数求平方根");
                    result = 0;
                    start = true;
                    pointFlag = true;
                }
            }
        } else if (e.getSource() == ds) {                //求倒数
            if (!txtResult.getText().equals("")
                    && !txtResult.getText().equals("-")) {
                result = Double.parseDouble(txtResult.getText());
                if (Math.abs(result) > 0.000001) {
```

```java
                    result = 1 / result;
                    txtResult.setText("" + result);
                } else {
                    txtResult.setText("不能对0求倒数");
                }
                pointFlag = true;
                start = true;
            }
        } else if (e.getSource() == bfh) {                    //百分号
            if (!txtResult.getText().equals("")
                    && !txtResult.getText().equals("-")) {
                result = Double.parseDouble(txtResult.getText());
                result = result / 100;
                txtResult.setText("" + result);
            }
            pointFlag = true;
            start = true;
        } else if (e.getSource() == c || e.getSource() == ce) {    //清空或复位
            start = true;
            pointFlag = true;
            lastCommand = "=";
            result = 0;
            txtResult.setText("");
        } else if (e.getSource() == backspace) {              //退格
            String s = txtResult.getText();
            if (s.length() > 1) {
                txtResult.setText("");
                for (int i = 0; i < s.length() - 1; i++) {    //按一下,删除尾部一位
                    char a = s.charAt(i);
                    txtResult.setText(txtResult.getText() + a);
                }
            } else {
                txtResult.setText("");
                start = true;
                pointFlag = true;
            }
        } else if (e.getSource() == about) {                  //关于
            JOptionPane.showMessageDialog(this,"软件名称:简单计算器\n设计单位:枣庄学院\n开发者:刘梦琳","关于计算器",JOptionPane.PLAIN_MESSAGE);
        }
    }
    //计算加、减、乘、除
    public void calculate(double x) {
        if (lastCommand.equals("+")) {
            result += x;
            txtResult.setText("" + result);
        } else if (lastCommand.equals("-")) {
            result -= x;
            txtResult.setText("" + result);
        } else if (lastCommand.equals("*")) {
            result *= x;
            txtResult.setText("" + result);
        } else if (lastCommand.equals("/")) {
            if (Math.abs(x) > 0.0000001) {
```

```
                    result /= x;
                    txtResult.setText("" + result);
                } else
                    txtResult.setText("零不能作除数");
            } else if (lastCommand.equals(" = ")) {
                result = x;
                txtResult.setText("" + result);
            }
        }
```

2. 创建监听器对象。由于当前窗口类就是监听器类，所以 this 对象就可作为监听器对象。

3. 利用事件源的 addXxxListener()方法将监听器注册到事件源上。

由于计算器中的所有按钮都是事件源，因此需要对所有的按钮注册监听器。注册语句要放到构造方法中。

代码如下：

```
//在构造方法中为各个按钮绑定监听器
backspace.addActionListener(this);
ce.addActionListener(this);
c.addActionListener(this);
about.addActionListener(this);
jia.addActionListener(this);
jian.addActionListener(this);
cheng.addActionListener(this);
chu.addActionListener(this);
equ.addActionListener(this);
point.addActionListener(this);
zfh.addActionListener(this);
sqrt.addActionListener(this);
bfh.addActionListener(this);
ds.addActionListener(this);
for (int i = 9; i >= 0; i--) {
    button[i].addActionListener(this);
}
```

至此，利用 Java Swing 的相关知识完成了简单计算器的开发。该计算器能完成上述既定的计算功能。

1.6 总　　结

希望读者通过本项目的练习，熟练掌握 Java Swing 图形用户界面的编程过程和事件处理过程。如果感兴趣，可以增加计算器的其他一些功能，进一步完善该项目。

项目 2　简单文本编辑器的设计与实现

2.1　本项目的实训目的

通过本项目的训练,读者可以将 Java Swing 图形用户界面编程中的相关知识和 Java 中输入输出流的用法有机结合起来,模仿 Windows 自带的记事本,编程实现一个简单的文本编辑器,从而锻炼读者综合运用 Java 的有关知识解决实际问题的能力。

2.2　本项目所用到的 Java 相关知识

1. Jave Swing 图形用户界面知识

1）JFrame 窗口

有关 JFrame 类的用法在项目 1 中已经进行过详细的介绍,在这里就不再细讲了。

2）菜单

菜单可以将各种操作集中起来,方便用户的操作。从显示效果来看,既美观又节省空间。

常用的菜单形式有两种:常规菜单和快捷菜单(这里主要使用常规菜单)。

常规菜单由 3 部分组成,分别是菜单栏、菜单和菜单项。

其中,菜单栏是一种容器,其作用就是放置下拉菜单,对这些菜单进行整合。"文件(F)""编辑(E)"等被称为下拉菜单(也叫功能菜单),这些功能菜单其实是功能组,每个功能菜单下都有若干功能,即菜单项。例如,通常"文件"菜单中会包含"打开""保存""另存为"等菜单项。在 Java Swing 中,常规菜单的 3 个组成部分别对应 3 个类,即 JMenuBar、JMenu 和 JMenuItem。

JMenuBar 用于创建整合菜单的菜单栏。

常用的创建菜单栏的方式为:

JMenuBar 对象名 = new JMenuBar();

JMenuBar 在添加功能菜单时采用的是 add(Componet c)方法,参数 c 用于传递菜单对象。

菜单栏组件与其他常用组件有一点不同。其他常用组件是添加在由 Container 类创建的容器中的。而菜单栏必须添加在窗口中,而且不用 add(Componet c)方法。JFrame 提供了专用的添加菜单栏的方法:setJMenuBar(JMenuBar mbar),该方法将菜单栏添加到窗口的顶端。需要注意的是,一个窗口只能添加一个菜单栏。

JMenu 用于创建功能菜单。

创建菜单的方式有如下两种。

方式一：JMenu 对象名 = new JMenu();

方式二：JMenu 对象名 = new JMenu(String s);

参数 s 是菜单要显示的信息。如"文件(F)"菜单的创建，其中的文字信息就要存放在参数 s 中。方式一所创建的菜单不显示任何文字信息。

JMenu 类常用方法如下。

add(Componet c)方法：该方法的作用是将菜单项加入菜单中。

addSeparator()方法：该方法的作用是在菜单项之间添加分隔线。

JMenuItem 用于创建菜单项。

菜单项实际上可以看作另一种形式的按钮，其中，命令式菜单项、复选菜单项和单选菜单项分别与命令按钮、复选框和单选按钮相对应。当单击菜单项时，可以触发与对应按钮相似的命令或操作。

常用的创建命令式菜单项的方式如下。

JMenuItem 对象名 = new JMenuItem(String s);

常用的创建复选菜单项的方式如下。

JCheckBoxMenuItem 对象名 = new JCheckBoxMenuItem(String s);

创建菜单的步骤如下。

第一步：创建一个 JMenuBar 菜单栏对象，将其设置到窗体中。

第二步：创建若干 JMenu 菜单对象，将其放置到 JMenuBar 对象中，或按要求放置到其他 JMenu 对象中。

第三步：创建若干 JMenuItem 或 JCheckBoxMenuItem 菜单项对象，将其放置到相应的 JMenu 对象中。

3) JTextArea 组件

文本域是可以接收多行文本输入的组件。JTextArea 是实现文本域组件的类，是一个显示纯文本的多行区域，该组件中可以编辑多行多列文本，具有换行能力。

创建文本域的方式如下。

方式一：JTextArea 对象名 = new JTextArea();

方式二：JTextArea 对象名 = new JTextArea(String s);

方式三：JTextArea 对象名 = new JTextArea (int rows, int columns);

方式四：JTextArea 对象名 = new JTextArea (Sting s, int rows, int columns);

参数 s 是文本域中要显示的初始内容。rows 和 columns 是文本域的行数和列数。同文本框一样，文本域的行数和列数与其所处的布局管理器有关。在特定的布局管理器中也会产生行数和列数失效的情况。

4) JList 组件和 JComboBox 组件

列表框和组合框都能提供多个选择项供用户选择，JList 类提供了列表框功能，JComboBox 类提供了组合框功能。但是两者在内容显示和使用方面还是有一定的区别的。其中，列表框是将所有选择项全部显示在界面上供用户选择，并且用户只能选择不能输入；

组合框又称为下拉列表框,它是一个文本框和列表框的组合,它把所有的选择项折叠起来,只显示当前选中的选项,在界面中占用的空间小,用户可以从它的下拉列表框中选择一个已有的列表项或在文本框中输入选择项。如 Microsoft Word 中字体、字号的选择就是用组合框完成的。

常用的创建列表框的方式如下。

方式一:JList 对象名 = new JList();

方式二:JList 对象名 = new JList(JList(Object[] listData);

方式一用于创建一个没有选项的列表框。方式二用于创建一个列表框,其选项列表为对象数组中的元素。

常用的创建组合框的方式如下。

方式一:JComboBox 对象名 = new JComboBox();

方式二:JComboBox 对象名 = new JComboBox(Object[] listData);

方式一用于创建一个没有选项的组合框。方式二用于创建一个组合框,其选项列表为对象数组中的元素。

5) JScrollPane 面板

JScrollPane 面板是带滚动条的面板,也是一种容器,但是常用于布置单个控件,并且不可以使用布局管理器。JScrollPane 面板常常与文本域组件、JList 组件和表格组件配合使用。

创建带滚动条的面板的方式如下。

方式一:JScrollPane js=new JScrollPane();

方式二:JScrollPane js=new JScrollPane(Component view);

方式一用于创建一个空的(无视口的视图)JScrollPane,需要时水平和垂直滚动条都可显示。方式二用于创建一个显示指定组件内容的 JScrollPane,只要组件的内容超过视图大小就会显示水平和垂直滚动条。

例如,将文本域放到滚动面板的代码如下。

```
JTextArea wen = new JTextArea(20, 50);
JScrollPane js = new JScrollPane(wen);
```

6) JLabel 组件

在窗口中经常会出现一些说明或提示性的信息,这些信息大多是文字,有时候也可能是图片。这些文字或图片性质的信息要借助组件显示在窗口中。能够实现这一功能的组件被称作标签。JLabel 是 swing 包中专门创建标签组件的类。

创建标签的方式有多种,这里介绍常用的 4 种。

方式一:JLabel 对象名 = new Jlabel(String s);

方式二:JLabel 对象名 = new Jlabel(String s,int hAlignment);

方式三:JLabel 对象名 = new Jlabel(ImageIcon image);

方式四:JLabel 对象名 = new Jlabel(ImageIcon image,int hAlignment);

方式一和方式二是显示文字性信息时应用的标签。参数 s 用于存放要显示的信息,参数 hAlignment 是设置所显示的信息的对齐方式。共有如下 5 种对齐方式:JLabel.BOTTOM、JLabel.LEFT、JLabel.RIGHT、JLabel.TOP 和 JLabel.CENTER,分别表示底端对齐、左对齐、右对齐、顶端对齐和居中对齐。采用方式一创建的标签，文字的对齐方式默认为左对齐。

方式三和方式四是显示图片信息时应用的标签。参数 image 是图片对象的引用。ImageIcon 是 Java 处理图片的类。hAlignment 是设置所显示的图片的对齐方式。同文字采用的对齐方式一样，也有 5 种对齐方式。采用方式三创建的标签，图片的对齐方式默认为左对齐。

7) 对话框

Java 中的对话框有标准对话框、自定义对话框和文件对话框。

有关标准对话框的介绍参见项目 1。

JDialog 类是用来创建自定义对话框窗口的。对话框是一个容器，它与 JFrame 窗口类似，默认布局是 BorderLayout，对话框可以添加组件，实现与用户的交互操作。

需要注意的是，对话框可见时，默认被系统添加到显示器屏幕上，因此不允许将一个对话框添加到另一个容器中。

FileDialog 类显示一个文件对话框，用户可以从中选择文件。该类提供了两个静态常量：LOAD 和 SAVE。其中，常量 LOAD 指示"文件"对话框的作用是查找要读取的文件；常量 SAVE 指示文件对话框的作用是查找要写入的文件。

创建 FileDialog 类的对象常用构造方法如下：

```
FileDialog (Dialog parent, String title, int mode);
```

其中，第三个参数为 FileDialog. LOAD 时表示创建"打开文件"对话框，为 FileDialog. SAVE 时表示创建"保存文件"对话框。

由于它是一个模式对话框，当应用程序调用其 show() 方法或 setVisible() 方法来显示对话框时，它将阻塞其余应用程序，直到用户选择一个文件。

8) UndoManager 类

作为一个文本编辑器，撤销操作和恢复操作是必不可少的两个功能。要想实现这两个功能，需要用到 javax.swing.undo 包中的 UndoManager 类。

UndoManager 维护编辑的有序列表以及该列表中下一个编辑的索引。下一个编辑的索引为当前编辑列表的大小，如果已经调用了 Undo() 方法，则该索引对应于已撤销的最后一个有效编辑的索引。调用 Undo() 方法时，所有的编辑（从下一个编辑的索引到最后一个有效编辑）都将以相反的顺序被撤销。相反的，调用 Redo() 方法会导致在下一个编辑的索引和下一个有效编辑（或列表结尾位置）之间的所有编辑上调用 Redo() 方法。

UndoManager 类的常用方法如下。

boolean canUndo()：判断能否进行撤销操作，若进行则返回 true。

boolean canRedo()：判断能否进行恢复操作，若进行则返回 true。

void Undo()：进行撤销操作。

void Redo()：进行恢复操作。

当然，在进行撤销、恢复操作前还应为撤销、恢复的对象注册监听器。在文本编辑器中，撤销、恢复的对象就是文本。

为文本注册监听器的过程如下。

```
JTextArea wen = new JTextArea();                    //创建文本域对象
UndoManager undomg = new UndoManager();             //创建 UndoManager 对象
wen.getDocument().addUndoableEditListener(undomg);              //将 UndoManager 对象作为
//UndoableEditListener 添加到 wen 对象. 即为 wen 对象的文本注册能撤销和恢复的监听器
```

这里要说明一下,之所以要写 getDocument()是因为注册监听器的对象是文本,不是文本域。addUndoableEditListener(undomg)的作用是为文本注册监听器。

为文本注册好撤销与恢复的监听器后,就可以编写代码实现文本的撤销、恢复功能了。

2. 文件和输入输出流方面的知识

1) 文件

在 java.io 包中提供的 File 类能对文件及目录进行操作。File 类是文件和目录路径名的抽象表示形式,在 Java 程序中,一个 File 对象可以代表一个文件或目录。利用 File 对象可以对文件或目录及其属性进行基本操作,可以获取与文件相关的信息,如名称、最后修改日期、文件大小等。同时,File 类定义了一些与平台无关的方法来操作文件,通过调用 File 类提供的各种方法,能够完成创建文件、删除文件、重命名文件、判断文件的读写权限及文件是否存在、设置和查询文件的最近修改时间、获取当前文件路径、获取当前目录文件列表等操作。

2) 输入输出流

在 Java 中,所有的输入输出都是以数据流的形式进行处理的。

按照流的方向,可以将流分为两类:输入流和输出流。通常把输入流的指向称为源,程序从指向源的输入流中读取源中的数据。而输出流的指向是数据要到达的一个目的地,程序通过向输出流中写入数据把信息传递到目的地。

按照输入输出流所处理的数据类型,可以将流分为如下两类。

字节流:在流中处理的基本单位为字节的流。

字符流:在流中处理的基本单位为字符的流。

本项目主要是在打开文本文件和保存文本文件时用到数据流,所以这里使用字符流。

字符流层次结构的顶层是 Reader 和 Writer 抽象类,它们分别表示字符输入流和字符输出流。这两个类是抽象类,不能直接使用,应使用它们的子类 FileReader 和 FileWriter。

FileReader 最常用的构造方法如下:

```
FileReader(String filePath)
FileReader(File fileObj)
```

这里,filePath 是一个文件的完整路径,fileObj 是描述该文件的 File 对象。

例如,为了读取 F 盘上的 test3.txt 文件,创建一个文件输入流对象的代码如下:

```
File file = new File("F:\\test3.txt");
FileReader fr = new FileReader (file);
```

或

```
FileReader fr = new FileReader ("F:\\test3.txt");
```

FileWriter 最常用的构造方法如下:

```
FileWriter(String filePath)
FileWriter(String filePath, boolean append)
FileWriter(File fileObj)
```

这里，filePath 是文件的绝对路径，fileObj 是描述该文件的 File 对象。如果 append 为 true，则输出是附加到文件尾的。FileWriter 类的创建不依赖文件存在与否。在创建文件之前，FileWriter 类将在创建对象时打开它来作为输出。如果试图打开一个只读文件，将引发一个 IOException 异常。

3）字符缓冲流

Java 提供了字符缓冲流 BufferedReader 类和 BufferedWriter 类来对字符进行缓冲处理。缓冲字符流的出现提高了对流的操作效率。如果没有缓存，如 FileReader 对象，则每次调用 read()方法进行读操作时，都会直接去文件中读取字节，转换为字符并返回，这样频繁地读取文件效率很低。如果利用缓存将数据先缓冲起来，然后一起写入或者读取出来，则可以大量减少访问文件的次数，提高访问效率。总之，使用缓冲流的好处是能够更高效地读写信息。

3. 事件处理

1）ActionEvent 事件

菜单项的事件处理过程和命令按钮的事件处理过程一样，参见项目 1。

2）ListSelectionEvent 事件

列表框可以触发 ListSelectionEvent 事件。对于注册了监视器的列表框，当用户选中某一个选项时就触发 ListSelectionEvent 事件。因此，列表框可以作为 ListSelectionEvent 事件的事件源，其监听器应该是实现 ListSelectionListener 接口的类的实例，并且实现 ListSelectionListener 接口的类需要实现 public void valueChanged(ListSelectionEvent e)方法。

2.3 本项目的功能需求分析

本项目需要设计实现出如图 2-1 所示的"简单文本编辑器"主窗口。该文本编辑器中包含一个菜单栏和一个带滚动条的文本域。菜单栏中含有"文件""编辑""格式""帮助"4 个下拉菜单。

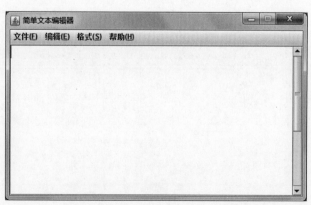

图 2-1 "简单文本编辑器"主窗口

其中，"文件"菜单所包含的菜单项如图 2-2 所示。"编辑"菜单所包含的菜单项如图 2-3 所示。"格式"菜单所包含的菜单项如图 2-4 所示。"帮助"菜单所包含的菜单项如图 2-5 所示。

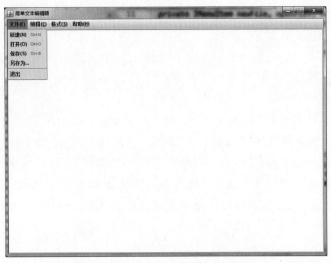

图 2-2 "文件"菜单所包含的菜单项

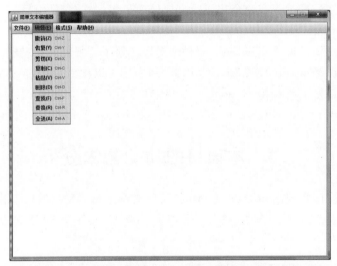

图 2-3 "编辑"菜单所包含的菜单项

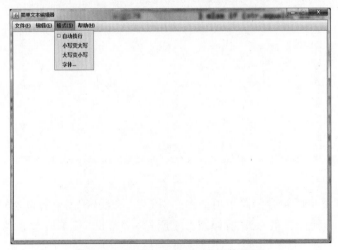

图 2-4 "格式"菜单所包含的菜单项

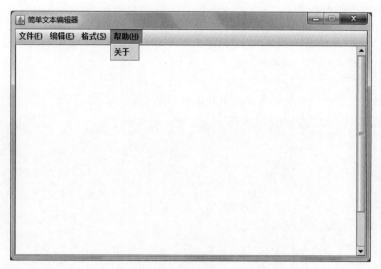

图 2-5 "帮助"菜单所包含的菜单项

2.4 本项目的设计方案

根据上述需求分析可知,首先需要创建一个窗口,分别在窗口的顶部添加一个菜单栏和在窗口的中间添加一个带有滚动条的文本域。然后对每个菜单项进行相应的事件处理。

2.5 本项目的实现过程

要想完成本项目,需要分为两步:首先要创建出如图 2-1 所示的静态窗口;然后对菜单中的各个菜单项进行单击事件处理。

第一步:创建静态窗口。

1. 定义文本编辑器窗口类(MyNotePad),该类作为主类,并继承 JFrame 类。

代码如下:

```
public class MyNotePad extends JFrame{
    public static void main(String args[]) {
    }
}
```

2. 定义 MyNotePad 类的构造方法,对窗口进行初始化。

代码如下:

```
public MyNotePad() {
    super("简单文本编辑器");              //利用父类的构造方法设置窗口的标题
    this.setBounds(100, 100, 800, 600);   //设置窗口的位置和大小
    this.setResizable(false);             //设置窗口的大小不可改变
    this.setDefaultCloseOperation(JFrame.EXIT_ON_CLOSE);   //设置窗口的默认关闭方式
}
```

3. 在 main()方法中创建一个 MyNotePad 类的一个对象,将该对象设置为可见。
代码如下:

```
MyNotePad notepad = new MyNotePad();
notepad.setVisible(true);
```

这时运行该程序,可以得到一个如图 2-6 所示的空窗口。

图 2-6 空窗口

下面要向该空窗口中添加菜单栏和带滚动条的文本域。

4. 定义并创建菜单栏、下拉菜单、菜单项并将其添加到窗口中。

(1) 在 MyNotePad 类中定义如下菜单栏、下拉菜单、菜单项对象:

```
private JMenuBar jmenuBar;
private JMenu file, edit, style, help;
private JMenuItem newFile, openFile, saveFile, saveAsFile, quit;
private JMenuItem undo, redo, cut, copy, paste, delete, find, replace, selectAll;
private JCheckBoxMenuItem linewrap;              //自动换行
private JMenuItem lowToUper, uperToLow, word;
private JMenuItem about;
```

(2) 在构造方法中创建菜单栏、下拉菜单、菜单项对象:

```
//实例化菜单栏
jmenuBar = new JMenuBar();
//实例化下拉菜单
file = new JMenu("文件(F)");
edit = new JMenu("编辑(E)");
style = new JMenu("格式(S)");
help = new JMenu("帮助(H)");
```

```java
//实例化菜单项
newFile = new JMenuItem("新建(N)");
openFile = new JMenuItem("打开(O)");
saveFile = new JMenuItem("保存(S)");
saveAsFile = new JMenuItem("另存为...");
quit = new JMenuItem("退出");
undo = new JMenuItem("撤销(Z)");
redo = new JMenuItem("恢复(Y)");
cut = new JMenuItem("剪切(X)");
copy = new JMenuItem("复制(C)");
paste = new JMenuItem("粘贴(V)");
delete = new JMenuItem("删除(D)");
find = new JMenuItem("查找(F)");
replace = new JMenuItem("替换(R)");
selectAll = new JMenuItem("全选(A)");
linewrap = new JCheckBoxMenuItem("自动换行");
lowToUper = new JMenuItem("小写变大写");
uperToLow = new JMenuItem("大写变小写");
word = new JMenuItem("字体...");
about = new JMenuItem("关于");
```

(3) 利用add()方法完成：将菜单项添加到相应的下拉菜单中，将下拉菜单添加到菜单栏中。

```java
file.add(newFile);
file.add(openFile);
file.add(saveFile);
file.add(saveAsFile);
file.addSeparator();           //添加菜单项之间的分隔线
file.add(quit);
edit.add(undo);
edit.add(redo);
edit.addSeparator();
edit.add(cut);
edit.add(copy);
edit.add(paste);
edit.add(delete);
edit.addSeparator();
edit.add(find);
edit.add(replace);
edit.addSeparator();
edit.add(selectAll);
style.add(linewrap);
style.add(lowToUper);
style.add(uperToLow);
style.add(word);
help.add(about);
jmenuBar.add(file);
jmenuBar.add(edit);
jmenuBar.add(style);
jmenuBar.add(help);
```

(4) 将菜单栏设置到窗口中显示。

```java
this.setJMenuBar(jmenuBar);
```

这时运行该程序，就可以得到一个顶部有菜单栏的窗口了。单击每个菜单都能弹出各自的下拉菜单项。在 Windows 自带的"记事本"中，每个下拉菜单都设有相应的热键，当按下热键后，也能弹出其下拉菜单项。例如"文件"菜单，对其单击可以弹出其菜单项，按下快捷键 Alt+F 同样也能弹出其菜单项。

同样的，在 Windows 自带的"记事本"中，常用的菜单项也都有相应的快捷键。

在这里，也可以利用 Java 知识为下拉菜单设置热键和为菜单项设置快捷键。

(5) 为每个下拉菜单设置热键。

为下拉菜单设置热键需要使用 JMenu 类的抽象父类 AbstractButton 中提供的方法 setMnemonic(int mnemonic)或 setMnemonic(char mnemonic)，其作用是设置当前模型上的键盘助记符。

助记符是某种键，它与外观的无鼠标修饰符（通常是 Alt）组合时（如果焦点被包含在此按钮祖先窗口中的某个地方）将激活此按钮。一个助记符必须对应键盘上的一个键。

为每个下拉菜单设置热键的代码如下：

```
file.setMnemonic('F');
edit.setMnemonic('E');
style.setMnemonic('S');
help.setMnemonic('H');
```

(6) 为菜单项设置快捷键。

一般的文本编辑器的常用菜单项都设有相应的快捷键，例如，"新建"菜单项的快捷键常设为 Ctrl+N。

为菜单项设置快捷键需要使用 JMenuItem 类提供的方法 setAccelerator(KeyStroke keyStroke)，其作用是设置快捷键后能直接调用菜单项的操作监听器而不必显示菜单的层次结构。

为菜单项设置快捷键的代码如下：

```
newFile.setAccelerator(KeyStroke.getKeyStroke(KeyEvent.VK_N,ActionEvent.CTRL_MASK));
openFile.setAccelerator(KeyStroke.getKeyStroke(KeyEvent.VK_O,ActionEvent.CTRL_MASK));
saveFile.setAccelerator(KeyStroke.getKeyStroke(KeyEvent.VK_S,ActionEvent.CTRL_MASK));
undo.setAccelerator(KeyStroke.getKeyStroke(KeyEvent.VK_Z,InputEvent.CTRL_MASK));
redo.setAccelerator(KeyStroke.getKeyStroke(KeyEvent.VK_Y,InputEvent.CTRL_MASK));
cut.setAccelerator(KeyStroke.getKeyStroke(KeyEvent.VK_X,ActionEvent.CTRL_MASK));
copy.setAccelerator(KeyStroke.getKeyStroke(KeyEvent.VK_C,ActionEvent.CTRL_MASK));
paste.setAccelerator(KeyStroke.getKeyStroke(KeyEvent.VK_V,ActionEvent.CTRL_MASK));
delete.setAccelerator(KeyStroke.getKeyStroke(KeyEvent.VK_D,ActionEvent.CTRL_MASK));
find.setAccelerator(KeyStroke.getKeyStroke(KeyEvent.VK_F,InputEvent.CTRL_MASK));
replace.setAccelerator(KeyStroke.getKeyStroke(KeyEvent.VK_R,InputEvent.CTRL_MASK));
selectAll.setAccelerator(KeyStroke.getKeyStroke(KeyEvent.VK_A,InputEvent.CTRL_MASK));
```

5. 声明并创建带滚动条的文本域并添加到窗口中间。

(1) 在 MyNotePad 类中定义一个文本域对象和一个滚动面板对象：

```
private JTextArea wen;
private JScrollPane js;
```

(2) 在构造方法中创建文本域对象和滚动面板对象，并将滚动面板添加到窗口中：

```
wen = new JTextArea(20,50);
wen.setFont(new Font("楷体", Font.PLAIN ,18));
```

```
js = new JScrollPane(wen);
this.add(js);
```

至此,运行该程序,将得到如图 2-1～图 2-5 所示的文本编辑器的静态窗口。这时单击各菜单项或按下相应的快捷键是没有任何响应的。如果想实现单击菜单项时有响应,则需要对各菜单项进行事件处理。

菜单项的事件处理与命令按钮的事件处理过程是一样的。下面完成各菜单项的事件处理过程。

第二步:对各菜单项进行事件处理。

由上一个项目可知,创建监听类的方式有多种,这里采用内部成员类的方式来创建监听类,因为内部成员类可以访问外部类的任意成员。

1. 定义实现 ActionListener 接口的内部类,重写 actionPerformed()方法。

代码如下:

```java
class MyNotePadListener implements ActionListener {
    public void actionPerformed(ActionEvent e) {
            String str = e.getActionCommand();          //获取鼠标单击的菜单项名称
            if (str.equals("新建(N)")) {
                //新建文件:调用 newFile()方法
            } else if (str.equals("打开(O)")) {
                //打开文件:调用 openFile()方法
            } else if (str.equals("保存(S)")) {
                //保存文件:调用 saveFile()方法
            } else if (str.equals("另存为...")) {
                //另存文件:调用 saveAs()方法
            } else if (str.equals("退出")) {
                //退出系统:调用 quit()方法
            } else if (str.equals("撤销(Z)")) {
                //撤销操作:调用 undo()方法
            } else if (str.equals("恢复(Y)")) {
                //恢复操作:调用 redo()方法
            } else if (str.equals("剪切(X)")) {
                //剪切操作:调用 cut()方法
            } else if (str.equals("复制(C)")) {
                //复制操作:调用 copy()方法
            } else if (str.equals("粘贴(V)")) {
                //粘贴操作:调用 paste()方法
            } else if (str.equals("删除(D)")) {
                //删除操作:调用 delete()方法
            } else if (str.equals("查找(F)")) {
                //查找操作:调用 find()方法
            } else if (str.equals("替换(R)")) {
                //替换操作:调用 replace()方法
            } else if (str.equals("全选(A)")) {
                //全选操作:调用 selectAll()方法
            }else if (str.equals("自动换行")) {
                //自动换行操作:调用 setLineWrap()方法
            }else if (str.equals("小写变大写")) {
                //小写变大写操作:调用 lowToUp()方法
            }else if (str.equals("大写变小写")) {
                //大写变小写操作:调用 upToLow()方法
```

```
        }else if (str.equals("字体...")) {
            //设置字体、字号、字形：调用setFont()方法
        }else if (str.equals("关于")) {
            //显示关于软件的一些信息：调用about()方法
        }
    }
}
```

2. 在主类的构造方法中创建监听对象。

代码如下：

`MyNotePadListener listener = new MyNotePadListener();`

3. 在主类的构造方法中对各个菜单项注册监听器。

代码如下：

```
newFile.addActionListener(listener);
openFile.addActionListener(listener);
saveFile.addActionListener(listener);
saveAsFile.addActionListener(listener);
quit.addActionListener(listener);
undo.addActionListener(listener);
redo.addActionListener(listener);
cut.addActionListener(listener);
copy.addActionListener(listener);
paste.addActionListener(listener);
delete.addActionListener(listener);
find.addActionListener(listener);
replace.addActionListener(listener);
selectAll.addActionListener(listener);
linewrap.addActionListener(listener);
lowToUper.addActionListener(listener);
uperToLow.addActionListener(listener);
word.addActionListener(listener);
about.addActionListener(listener);
```

现在运行该程序，会发现各个菜单项仍然不起作用。因为在actionPerformed()方法中，为了实现对不同菜单项的操作，需要调用相应的方法来完成，而这些方法需要逐个定义出来并加以调用才可以。下面完成对各个菜单项的具体处理过程。

因为文本编辑器中的各菜单项是对同一个文件进行处理的，所以需要定义一个String类型全局变量fileName存放当前处理的文件名。如果当前处理的文件为新建文件，则文件名为空字符串。

不管是新建文件还是打开的已有文件，如果文件内容被改变了，那么在新建其他文件和打开其他文件时就要保存被修改过的文件。如何判断文件内容是否已经改变了呢？这里可以定义一个String类型全局变量oldText来存放当前处理的文件的原始内容。这时只要判断oldText的内容与文本域中的内容是否相等即可。oldText变量的初值定义为空字符串。

4. 各菜单项的具体实现。

(1)"新建"菜单项的实现。

"新建"菜单项的功能：单击该菜单项时，首先判断文本域中的内容有没有保存过(即还没有对应的文件名)，如果没有保存过，则弹出如图2-7所示的提示是否保存新文件的对话

框,如果保存就调用 saveFile()方法完成保存;如果保存过(即有对应的文件名,假设文件名为桌面上的 aaa.txt),则弹出如图 2-8 所示的提示是否保存已有文件的对话框,如果保存也调用 saveFile()方法完成保存;然后清空窗口中文本域中的内容,同时将文件名赋为空字符串,表示开始一个新文件。

分析:图 2-7、图 2-8 由 JOptionPane 类提供的静态方法.showConfirmDialog()来完成。

图 2-7 是否保存新文件的对话框

图 2-8 是否保存已有文件的对话框

代码如下:

```java
public void newFile(){
        if(!wen.getText().equals("") && fileName.equals("")){
            int option = JOptionPane.showConfirmDialog(this, "是否要保存新建文件?", "文本编辑器",JOptionPane.YES_NO_OPTION);
            if(option == JOptionPane.YES_OPTION){
                saveFile();
            }
        }
        else if(!fileName.equals("")&& !wen.getText().equals(oldText)){
            int option = JOptionPane.showConfirmDialog(this, "是否将更改保存到" + fileName + "中?","文本编辑器", JOptionPane.YES_NO_OPTION );
            if(option == JOptionPane.YES_OPTION)
                saveFile();
        }
        wen.setText("");
        fileName = "";
        this.setTitle("无标题.txt");
        oldText = "";
}
```

提示:定义好该方法后,需要修改 actionPerformed()方法,在 if 语句的相应分支处调用刚定义的方法 newFile()。

声明:以下各个菜单项实现后都需要修改 actionPerformed()方法,做类似的处理。

(2)"打开"菜单项的实现。

"打开"菜单项的功能:单击该菜单项时,弹出如图 2-9 所示的对话框,将指定文件中的内容利用输入流读入内存,然后显示在文本域中。

分析:图 2-9 是 FileDialog 类的一个实例。利用该类的静态常量 LOAD 可以创建出"打开文件"对话框。

代码如下:

```java
public void openFile() {
    //1.创建"打开文件"对话框
    FileDialog fd = new FileDialog(this, "打开文件", FileDialog.LOAD);
    fd.setVisible(true);
```

图 2-9 "打开文件"对话框

```
//2.获得文件名
fileName = fd.getDirectory() + fd.getFile();
File f = new File(fileName);
//用该文件的长度建立一个字符数组
char ch[] = new char[(int) f.length()];
//异常处理
try {
    //读出数据,并存入字符数组 ch 中
    BufferedReader bw = new BufferedReader(new FileReader(f));
    bw.read(ch);
    bw.close();
} catch (FileNotFoundException e1) {
    e1.printStackTrace();
    JOptionPane.showMessageDialog(this, "文件不存在");
} catch (IOException e2) {
    e2.printStackTrace();
    JOptionPane.showMessageDialog(this, "IO error");
}
//将 ch 数组转换为字符串,并添加到文本域中
String s = new String(ch);
wen.setText(s);
oldText = s;
this.setTitle(fileName);
}
```

(3)"保存"菜单项的实现。

"保存"菜单项的功能:单击该菜单项时,如果文本域中的内容没有保存过,则弹出如图 2-10 所示的"保存文件"对话框,然后利用输出流将文本域中的内容输出到指定文件中;如果保存过,则直接利用输出流将文本域中的内容输出到已有的文件中。

图 2-10 "保存文件"对话框

代码如下：

```java
public void saveFile(){
    String s = wen.getText();
    if(fileName.equals("") ){
  FileDialog df = new FileDialog(this,"保存文件",FileDialog.SAVE);
 df.setVisible(true);
try
{
 File f = new File( df.getDirectory() + df.getFile());
 fileName = df.getDirectory() + df.getFile();
 BufferedWriter bw = new BufferedWriter( new FileWriter (f));
 bw.write(s , 0 , s.length());
 bw.close();
}
catch(FileNotFoundException e1){
    e1.printStackTrace();
 System.out.println("file not found");
  }
catch( IOException e2)
{e2.printStackTrace();
 System.out.println(" IO error");
}
this.setTitle(fileName);
 }
    //如果文件已经存在
    else {
      try
      {
       File f = new File(fileName);
       BufferedWriter bw = new BufferedWriter( new FileWriter(f));
       bw.write(s , 0 , s.length());
       bw.close();
```

```
            }
          catch(FileNotFoundException e1){
              e1.printStackTrace();
            System.out.println("file not found");
          }
          catch( IOException e2)
          {e2.printStackTrace();
            System.out.println(" IO error");
                 }
                 }
        oldText = s;
        }
```

(4) "另存为"菜单项的实现。

"另存为"菜单项的功能：单击该菜单项时，弹出如图 2-11 所示的"另存为"对话框，然后利用输出流将文本域中的内容输出到指定文件中。

图 2-11 "另存为"对话框

代码如下：

```
public void saveAs() {
        FileDialog df = new FileDialog(this, "另存为", FileDialog.SAVE);
        df.setVisible(true);
        String s = wen.getText();
        try {
            File f = new File(df.getDirectory() + df.getFile());
             fileName = df.getDirectory()+ df.getFile();
            BufferedWriter bw = new BufferedWriter(new FileWriter(f));
            bw.write(s, 0, s.length());
            bw.close();
        } catch (FileNotFoundException e1) {
            e1.printStackTrace();
            JOptionPane.showMessageDialog(this, "文件不存在");
        } catch (IOException e2) {
            e2.printStackTrace();
```

```
        JOptionPane.showMessageDialog(this, "IO error");
    }
     this.setTitle(fileName);
     oldText = s;
    }
```

(5)"退出"菜单项的实现。

"退出"菜单项的功能：单击该菜单项时，弹出如图 2-12 所示的"退出系统"对话框，如果单击"是"按钮，则退出系统并释放内存；如果单击"否"按钮，则本文本编辑器照常执行。

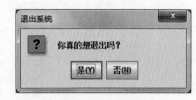

图 2-12 "退出系统"对话框

代码如下：

```
public void quit(){
        int option = JOptionPane.showConfirmDialog(quit, "你真的想退出吗? ",
                "退出系统 ", JOptionPane.YES_NO_OPTION);
        if (option == JOptionPane.YES_OPTION){
            if(!wen.getText().equals(oldText)){
                int n = JOptionPane.showConfirmDialog(this, "文件已更改,是否保存?", "提示!", JOptionPane.YES_NO_OPTION);
                if (n == JOptionPane.YES_OPTION) {
                    saveFile();
                }
            }
            System.exit(0);
        }else {
            return;
        }
    }
```

(6)"撤销"菜单项的实现。

"撤销"菜单项的功能：单击该菜单项时，会撤销对文本内容的最新编辑操作。

首先，在构造方法中为文本注册监听器。

代码如下：

```
UndoManager undomg = new UndoManager();        //创建 UndoManager 对象
wen.getDocument().addUndoableEditListener(undomg);          //将 UndoManager 对象作为
//UndoableEditListener 添加到 wen 对象
```

其次，实现"撤销"菜单项的功能。

代码如下：

```
public void undo() {
        if (undomg.canUndo()) {
            undomg.undo();
        } else {
            JOptionPane.showMessageDialog(this, "无法撤销", "警告",
                JOptionPane.WARNING_MESSAGE);
        }
    }
```

(7)"恢复"菜单项的实现。

"恢复"菜单项的功能：单击该菜单项时，会恢复对文本内容的最新撤销操作。

首先，为文本注册监听器。

代码见"撤销"功能部分。

其次，实现"恢复"菜单项的功能。

代码如下：

```java
public void redo() {
    if (undomg.canRedo()) {
        undomg.redo();
    } else {
        JOptionPane.showMessageDialog(this, "无法恢复", "警告",
            JOptionPane.WARNING_MESSAGE);
    }
}
```

作为一个文本编辑器，剪切、复制、粘贴、删除操作同样也是必不可少的功能。要想实现这些功能，只需要使用 JTextArea 类的父类 JTextComponent 提供的以下方法。

cut()：将关联文本模型中当前选定的范围传输到系统剪贴板，并从模型中移除内容。

copy()：将关联文本模型中当前选定的范围传输到系统剪贴板，并在文本模型中保留内容。

paste()：将系统剪贴板的内容传输到关联的文本模型中。

replaceSelection((String content)：用给定字符串所表示的新内容替换当前选定的内容。如果没有选择的内容，则该操作插入给定的文本。如果没有替换文本，则该操作移除当前选择的内容。

(8) "剪切"菜单项的实现。

"剪切"菜单项的功能：单击该菜单项时，会将选中的文本剪切到系统的剪贴板上，同时在文本域中移除此内容。

代码如下：

```java
public void cut() {
    wen.cut();
}
```

(9) "复制"菜单项的实现。

"复制"菜单项的功能：单击该菜单项时，会将选中的文本复制到系统的剪贴板上，同时在文本域中保留此内容。

代码如下：

```java
public void copy() {
    wen.copy();
}
```

(10) "粘贴"菜单项的实现。

"粘贴"菜单项的功能：单击该菜单项时，会将系统剪贴板上的内容插入文本域中的当前位置。

代码如下：

```java
public void paste() {
    wen.paste();
}
```

(11)"删除"菜单项的实现。

"删除"菜单项的功能：单击该菜单项时，会将选中的文本内容删除。

代码如下：

```
public void delete() {
    wen.replaceSelection(null);
}
```

(12)"查找"菜单项的实现。

"查找"菜单项的功能：单击该菜单项时，弹出如图 2-13 所示的查找对话框，如果查找内容为空时就单击"查找下一个"按钮，则弹出如图 2-14 所示的提示对话框。输入要查找的内容后，单击"查找下一个"按钮，则从当前光标处开始向后查找，如果查找到，则查找到的内容呈选中状态，如果继续单击"查找下一个"按钮，则会继续向后查找；如果查找到文件末尾，则弹出如图 2-15 所示的提示对话框。如果单击图 2-15 中的"是(Y)"按钮，则文中的当前光标回到文本的起始位置，从头开始新一轮的查询。

图 2-13　查找对话框

图 2-14　查找内容为空时的提示对话框

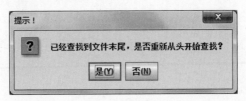

图 2-15　查找到文件末尾时的提示对话框

代码如下：

```
public void find() {
    final JDialog dialog = new JDialog();            //创建查找对话框
    dialog.setBounds(300, 300, 310, 130);            //设置对话框的位置和大小
    JLabel label = new JLabel("查找内容:");
    final JTextField findtext = new JTextField(10);
    JButton next = new JButton("查找下一个");
    dialog.setLayout(null);
    label.setBounds(30, 30, 90, 20);
    findtext.setBounds(100, 30, 120, 20);
    next.setBounds(110, 60, 100, 20);
    dialog.add(label);
    dialog.add(findtext);
    dialog.add(next);
    // 对"查找下一个"按钮进行事件处理
    next.addActionListener(new ActionListener() {
        public void actionPerformed(ActionEvent e) {
            String text = wen.getText();
```

```java
                String str = findtext.getText();
                int end = text.length();
                int len = str.length();
                int start = wen.getSelectionEnd();
                if (str.equals("")) {
                    JOptionPane.showMessageDialog(MyNotePad.this,"要查找的内容
                       不能为空!", "警告", JOptionPane.WARNING_MESSAGE);
                    return;
                }
                if (start == end) {
                    int n = JOptionPane.showConfirmDialog(MyNotePad.this,"已经
                            查找到文件末尾,是否重新从头开始查找?", "提示!",
                            JOptionPane.YES_NO_OPTION);
                    if (n == JOptionPane.YES_OPTION) {
                        start = 0;
                    } else{
                        dialog.setVisible(false);
                        return;
                    }
                }
                for (; start <= end - len; start++) {
                    if (text.substring(start, start + len).equals(str)) {
                        wen.setSelectionStart(start);
                        wen.setSelectionEnd(start + len);
                        return;
                    }
                }
                //若找不到待查字符串,则将光标置于末尾
                wen.setSelectionStart(end);
                wen.setSelectionEnd(end);
            }
        });
        dialog.addWindowListener(new WindowAdapter() {
            public void windowClosing(WindowEvent e) {
                dialog.dispose();
            }
        });
        dialog.setResizable(false);
        dialog.setVisible(true);
    }
```

(13)"替换"菜单项的实现。

"替换"菜单项的功能:单击该菜单项时,弹出如图 2-16 所示的替换对话框,如果查找内容为空时就单击"查找"按钮,则弹出如图 2-14 所示的提示对话框。这时先在该对话框中输入要查找的内容和要替换的内容,然后单击"查找"按钮,程序就从当前光标处开始向后查找,如果找到,则找到的内容呈选中状态;此时如果想替刚找到的内容,单击"替换"按钮即可。

如果想继续查找和替换,则重复上述步骤即可。

图 2-16 替换对话框

如果查找到文件末尾,则弹出如图 2-15 所示的提示对话框。

如果要替换的内容为空,则相当于删除操作。

代码如下:

```java
public void replace() {
    final JDialog dialog = new JDialog();
    dialog.setBounds(560, 250, 310, 180);
    JLabel findLabel = new JLabel("查找内容:");
    JLabel mubiaoLabel = new JLabel(" 替换为:");
    final JTextField findText = new JTextField(20);
    final JTextField mubiaoText = new JTextField(20);
    JButton findB = new JButton("查找");
    JButton replaceB = new JButton("替换");
    dialog.setLayout(null);
    findLabel.setBounds(40, 30, 100, 20);
    mubiaoLabel.setBounds(40, 70, 100, 20);
    findText.setBounds(140, 30, 110, 20);
    mubiaoText.setBounds(140, 70, 110, 20);
    findB.setBounds(60, 110, 80, 20);
    replaceB.setBounds(150, 110, 80, 20);
    dialog.add(findLabel);
    dialog.add(mubiaoLabel);
    dialog.add(findText);
    dialog.add(mubiaoText);
    dialog.add(findB);
    dialog.add(replaceB);
    //"查找"按钮的事件处理
    findB.addActionListener(new ActionListener() {
        public void actionPerformed(ActionEvent e) {
            String text = wen.getText();
            String str = findText.getText();
            int end = text.length();
            int len = str.length();
            int start = wen.getSelectionEnd();
            if (str.equals("")) {
                JOptionPane.showMessageDialog(MyNotePad.this,
                    "要查找的内容不能为空!", "警告", JOptionPane.WARNING_MESSAGE);
            return;
            }
            if (start == end) {
                int n = JOptionPane.showConfirmDialog(MyNotePad.this,
                    "已经查找到文件末尾,是否重新从头开始查找?", "提示!",
                    JOptionPane.YES_NO_OPTION);
                if (n == JOptionPane.YES_OPTION) {
                    start = 0;
                } else{
                    dialog.setVisible(false);
                    return;
                }
            }
            for (; start <= end - len; start++) {
                if (text.substring(start, start + len).equals(str)) {
                    wen.setSelectionStart(start);
                    wen.setSelectionEnd(start + len);
```

```java
                        return;
                    }
                }
                //若找不到待查字符串,则将光标置于末尾
                wen.setSelectionStart(end);
                wen.setSelectionEnd(end);
            }
        });
        //"替换"按钮的事件处理
        replaceB.addActionListener(new ActionListener() {

            public void actionPerformed(ActionEvent arg0) {
                if (findText.getText().equals(wen.getSelectedText())) {
                    String text = wen.getText();
                    String str = mubiaoText.getText();
                    wen.replaceRange(str, wen.getSelectionStart(),
                            wen.getSelectionEnd());
                } else {
                    JOptionPane.showMessageDialog(MyNotePad.this, "无内容可被替换!");
                }
            }

        });
        dialog.addWindowListener(new WindowAdapter() {
            public void windowClosing(WindowEvent e) {
                dialog.dispose();
            }
        });
        dialog.setResizable(false);
        dialog.setVisible(true);
    }
```

(14)"全选"菜单项的实现。

"全选"菜单项的功能:单击该菜单项时,会选中所有的文本内容。

代码如下:

```java
public void selectAll() {
    wen.selectAll();
}
```

(15)"自动换行"菜单项的实现。

"自动换行"菜单项的功能:选中该菜单项时,会将选中的文本内容删除。

代码如下:

```java
public void setLineWrap() {
        if (linewrap.isSelected()) {
            //设置JTextArea自动换行
            wen.setLineWrap(true);
            //同时把滚动面板上的横向的滚动条隐去
    js.setHorizontalScrollBarPolicy(JScrollPane.HORIZONTAL_SCROLLBAR_NEVER);
        } else {
            //设置JTextArea不自动换行
            wen.setLineWrap(false);
            //同时把滚动面板上的横向的滚动条显示出来
```

```
            js.setHorizontalScrollBarPolicy(JScrollPane.HORIZONTAL_SCROLLBAR_AS_NEEDED);
        }
    }
```

(16)"小写变大写"菜单项的实现。

"小写变大写"菜单项的功能:单击该菜单项时,文本中的所有小写字母变为大写字母。

分析:String 类提供了如下大小写转换的方法。

toLowerCase():将字符串中的所有大写字母都变为小写字母。

代码如下:

```
public void lowToUp() {
        String s = wen.getText();                //得到文本内容
        String s2 = wen.getSelectedText();
        s2 = s2.toUpperCase();                   //将所选文本中的所有小写字母转换为大写字母
        int start = wen.getSelectionStart();
        String s1 = s.substring(0,start);        //截取所选文本前面的字符串
        int end = wen.getSelectionEnd();
        String s3 = s.substring(end,s.length()); //截取所选文本后面的字符串
        wen.setText(s1 + s2 + s3);               //将转换后的字符串放回到文本域中
    }
```

(17)"大写变小写"菜单项的实现。

"大写变小写"菜单项的功能:单击该菜单项时,文本中的所有大写字母都变为小写字母。

代码如下:

```
public void upToLow() {
    String s = wen.getText();                    //得到文本内容
    String s2 = wen.getSelectedText();
    s2 = s2.toLowerCase();                       //将所选文本中的所有大写字母转换为小写字母
    int start = wen.getSelectionStart();
    String s1 = s.substring(0,start);            //截取所选文本前面的字符串
    int end = wen.getSelectionEnd();
    String s3 = s.substring(end,s.length());     //截取所选文本后面的字符串
        wen.setText(s1 + s2 + s3);               //将转换后的字符串放回到文本域中
}
```

(18)"字体"菜单项的实现。

"字体"菜单项的功能:单击该菜单项时,弹出如图 2-17 所示的"字体设置"对话框,对话框中初始显示当前文本的字体、字形和字号。如果选择了字体、字形和字号后,单击"确定"按钮,则立即将文本内容设置为新选择的字体、字形和字号,同时关闭该对话框;如果单击"取消"按钮,则文本的字体不改变,同时关闭该对话框。

代码如下:

```
public void setFont() {
            final JDialog fontDialog = new JDialog(this, "字体设置");    //"字体设置"对话框
            fontDialog.setBounds(100, 100, 400, 300);
            //获取系统提供的字体名称
            String fontNames[] = GraphicsEnvironment.getLocalGraphicsEnvironment()
                    .getAvailableFontFamilyNames();
            //字的形状
            String[] faceString = { "常规", "粗体", "倾斜", "粗斜体" };
            //字的大小
```

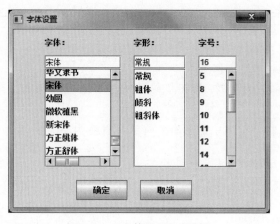

图 2-17 "字体设置"对话框

```
String[] sizeString = { "5", "8", "9", "10", "11", "12", "14", "16",
        "18", "20", "22", "24", "26", "28", "36", "48", "72" };
//创建对话框中的各个组件
JLabel fontLabel = new JLabel("字体:");
JLabel styleLabel = new JLabel("字形:");
JLabel sizeLabel = new JLabel("字号:");
Font f = wen.getFont();                //获取当前文本的字体
//把当前文本的字体作为字体文本框的初值
final JTextField fontText = new JTextField(f.getFontName());
String str = "";
if (f.getStyle() == 0)
    str = "常规";
else if (f.getStyle() == 1)
    str = "粗体";
else if (f.getStyle() == 2)
    str = "倾斜";
else if (f.getStyle() == 3)
    str = "粗斜体";
//把当前文本的字形作为字形文本框的初值
final JTextField styleText = new JTextField(str);
//把当前文本的字号作为字号文本框的初值
final JTextField sizeText = new JTextField("" + f.getSize());
final JList fontName = new JList(fontNames);
JScrollPane js1 = new JScrollPane(fontName);
final JList fontStyle = new JList(faceString);
JScrollPane js2 = new JScrollPane(fontStyle);
final JList fontSize = new JList(sizeString);
JScrollPane js3 = new JScrollPane(fontSize);
JButton sure = new JButton("确定");
JButton cancel = new JButton("取消");
fontDialog.setLayout(null);
fontLabel.setBounds(50, 10, 120, 20);
fontText.setBounds(50, 40, 120, 20);
js1.setBounds(50, 60, 120, 150);
styleLabel.setBounds(190, 10, 80, 20);
styleText.setBounds(190, 40, 80, 20);
js2.setBounds(190, 60, 80, 150);
sizeLabel.setBounds(290, 10, 60, 20);
```

```java
        sizeText.setBounds(290, 40, 60, 20);
        js3.setBounds(290, 60, 60, 150);
        sure.setBounds(100, 230, 80, 30);
        cancel.setBounds(200, 230, 80, 30);
        fontDialog.add(fontLabel);
        fontDialog.add(fontText);
        fontDialog.add(styleLabel);
        fontDialog.add(styleText);
        fontDialog.add(sizeLabel);
        fontDialog.add(sizeText);
        fontDialog.add(js1);
        fontDialog.add(js2);
        fontDialog.add(js3);
        fontDialog.add(sure);
        fontDialog.add(cancel);
        //3 个列表框的选项事件处理
        fontName.addListSelectionListener(new ListSelectionListener() {
            public void valueChanged(ListSelectionEvent e) {
                String str = (String) fontName.getSelectedValue();
                fontText.setText(str);
            }
        });
        fontStyle.addListSelectionListener(new ListSelectionListener() {
            public void valueChanged(ListSelectionEvent e) {
                String str = (String) fontStyle.getSelectedValue();
                styleText.setText(str);
            }
        });
        fontSize.addListSelectionListener(new ListSelectionListener() {
            public void valueChanged(ListSelectionEvent e) {
                String str = (String) fontSize.getSelectedValue();
                sizeText.setText(str);
            }
        });
        //"确定"按钮的事件处理
        sure.addActionListener(new ActionListener() {
            public void actionPerformed(ActionEvent e) {      //将文本设置成所选的字体
                String str = fontText.getText();
                int style = 0;
                if (styleText.getText().equals("粗体"))
                    style = 1;
                else if (styleText.getText().equals("倾斜"))
                    style = 2;
                else if (styleText.getText().equals("粗斜体"))
                    style = 3;
                int size = Integer.parseInt(sizeText.getText());
                wen.setFont(new Font(str, style, size));
                fontDialog.dispose();                         //关闭"字体设置"对话框
            }
        });
        //"取消"按钮的事件处理
        cancel.addActionListener(new ActionListener() {       //取消
            public void actionPerformed(ActionEvent e) {
                fontDialog.dispose();                         //关闭"字体设置"对话框
            }
        });
        fontDialog.setVisible(true);                          //窗体可见
```

```
            fontDialog.setResizable(false);                    //禁止放大窗体
        }
```

(19)"关于"菜单项的实现。

"关于"菜单项的功能：单击该菜单项时，弹出如图 2-18 所示的"关于文本编辑器"对话框，显示与本文本编辑器相关的一些信息。

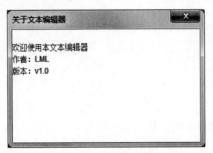

图 2-18 "关于文本编辑器"对话框

代码如下：

```
public void about() {
    final JDialog d = new JDialog(this, "关于文本编辑器");    //新建对话框
    JTextArea t = new JTextArea("\n 欢迎使用本文本编辑器 \n作者:LML\n 版本:v1.0", 5, 20);
    t.setEditable(false);
    d.add(t);
    d.setLocation(100, 250);                                  //起始位置
    d.setSize(300, 200);
    d.setResizable(false);                                    //不可调整大小
    d.setVisible(true);
    //关闭对话框
    d.addWindowListener(new WindowAdapter() {
        public void windowClosing(WindowEvent ee) {
            d.dispose();
        }
    });
}
```

2.6 总　　结

本项目实现了文本编辑器所应具有的大部分功能。在实现这些功能时，用到了Java类库中的许多类提供的方法，例如，实现"打开""保存"对话框功能时使用了 FileDialog 类的构造方法以及 FileDialog 类中的两个静态常量：SAVE、LOAD；实现"剪切""复制""粘贴""全选"等功能时使用了文本域提供 cut()、copy()、patse()、selectAll()方法等，这样比自己编写代码要方便快捷得多。希望读者通过本项目的训练，养成会查、习惯查 Java API 文档的习惯，以达到事半功倍的效果。

虽然本项目已经实现了大部分的功能，但是还有需要进一步完善的地方，例如，页面设置功能、打印功能、工具栏的设置、状态栏的设置等。如果你对本项目感兴趣，希望进一步修改完善。

项目 3　学生信息管理系统的设计与实现

3.1　本项目的实训目的

本项目构建一个 C/S 结构的学生信息管理系统。通过本项目的训练,读者可以学会如何选用恰当的数据库和数据库连接驱动程序、如何设计好合适的数据库表格和美观、大方的图形化管理界面。通过本项目的学习,读者应该在 JDBC 和 Java Swing 图形用户界面的使用上更加熟练,系统的整体设计能力也应该得到进一步的提升。

3.2　本项目所用到的 Java 相关知识

1. Java Swing 图形用户界面知识

用到的 Java Swing 图形用户界面知识有窗口(JFrame)、面板(JPanel)、滚动面板(JScrollPane)、菜单条(JMenuBar)、菜单(JMenu)、菜单项(JMenuItem)、标签(JLabel)、文本框(JTextField)、密码框(JPasswordField)、组合框(JComboBo)、命令按钮(JButton)、单选按钮(JRadioButton)、按钮组(ButtonGroup)、表格(JTable)、默认表格模式(DefaultTableModel)、标准对话框(JOptionPane)。

2. 文件和输入输出流方面的知识

(1) 文件。
(2) 输入输出流。

3. 事件处理

(1) ActionEvent 事件。
菜单项的事件处理过程和命令按钮的事件处理过程一样,参见项目 1。
(2) ListSelectionEvent 事件。
列表框可以触发 ListSelectionEvent 事件。对于注册了监视器的列表框,当用户选中某一个选项时就触发 ListSelectionEvent 事件。因此列表框可以作为 ListSelectionEvent 事件的事件源,其监听器应该是实现 ListSelectionListener 接口的类的实例,并且实现 ListSelectionListener 接口的类需要实现 public void valueChanged(ListSelectionEvent e)方法。

4. JDBC 技术

用 JDBC 开发数据库应用的原理如图 3-1 所示。

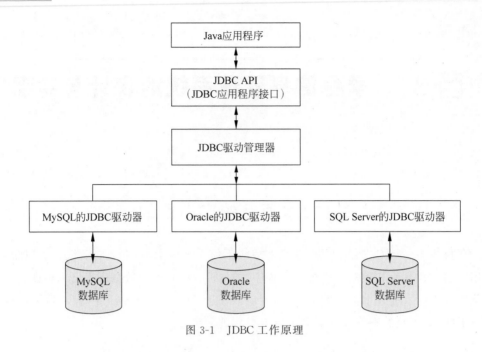

图 3-1 JDBC 工作原理

3.3 本项目的功能需求分析

本项目首先需要设计实现如图 3-2 所示的学生信息管理系统的登录窗口，登录人员的身份分为管理员、教师和学生 3 种。不同级别的用户所具有的功能是不同的。当用户输入账号、密码和选择"管理员"级别后，如果与数据库中的信息匹配成功，则出现如图 3-3 所示的管理员端的主窗口。

图 3-2 学生信息管理系统的登录窗口

其中，"个人信息管理"菜单所包含的菜单项如图 3-4 所示。"学生信息管理"菜单所包含的菜单项如图 3-5 所示。"课程信息管理"菜单所包含的菜单项如图 3-6 所示。"成绩信息管理"菜单所包含的菜单项如图 3-7 所示。"奖惩信息管理"菜单所包含的菜单项如图 3-8 所示。

图 3-3 学生信息管理系统的主窗口-管理员端

图 3-4 "个人信息管理"菜单所包含的菜单项

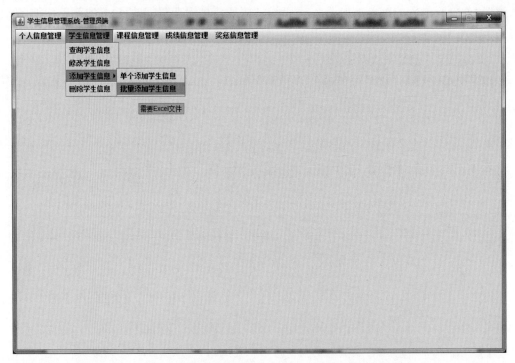

图 3-5 "学生信息管理"菜单所包含的菜单项

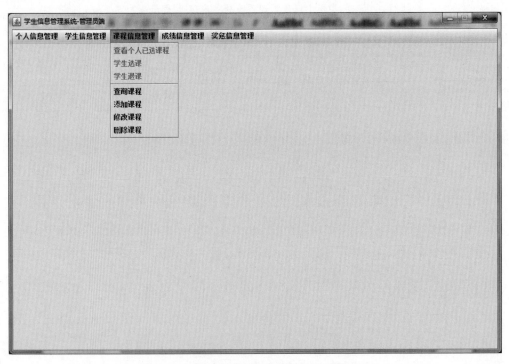

图 3-6 "课程信息管理"菜单所包含的菜单项

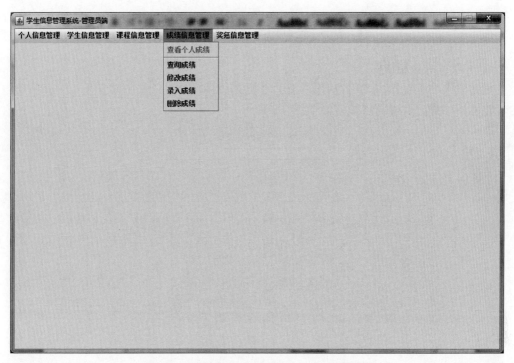

图 3-7 "成绩信息管理"菜单所包含的菜单项

图 3-8 "奖惩信息管理"菜单所包含的菜单项

3.4 本项目的设计方案

1. 本项目的功能结构

根据需求分析可知,本项目的用户分为 3 类,分别是管理员、教师和学生,不同用户实现的功能也不一样。具体的系统功能如图 3-9 所示。

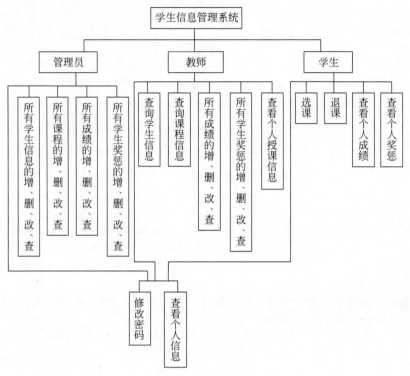

图 3-9 系统功能结构

2. 本项目的设计步骤

第一步:创建数据库以及相关数据表。

这里采用了目前流行的 MySQL 数据库。

(1) 创建数据库 student。

```
create database if not exists student;
```

(2) 创建数据表。

① 用户信息表 user。

用户信息表结构如图 3-10 所示。

字段	索引	外键	触发器	选项	注释	SQL 预览		
名	类型	长度	小数点	不是 null	虚拟	键	注释	
user_id	varchar	12	0	✓	□	🔑1	用户账号	
password	varchar	10	0	✓	□		密码	
level	varchar	10	0	✓	□		用户类别	

图 3-10 用户信息表结构

② 学生信息表 student。

学生信息表结构如图 3-11 所示。

名	类型	长度	小数点	不是 null	虚拟	键	注释
student_id	varchar	12	0	✓	☐	🔑1	学号
student_name	varchar	20	0	✓	☐		姓名
student_sex	varchar	2	0	✓	☐		性别
student_birthday	date	0	0	✓	☐		出生日期
class_id	varchar	10	0	✓	☐		班级号
student_tel	varchar	11	0	✓	☐		手机号
student_address	varchar	100	0	✓	☐		家庭住址

图 3-11 学生信息表结构

③ 班级信息表 sclass。

班级信息表结构如图 3-12 所示。

名	类型	长度	小数点	不是 null	虚拟	键	注释
class_id	varchar	10	0	✓	☐	🔑1	班级编号
class_name	varchar	20	0	✓	☐		班级名称
department_id	varchar	10	0	✓	☐		所属院系编号
assistant_id	varchar	10	0	☐	☐		辅导员编号

图 3-12 班级信息表结构

④ 院系(部门)信息表 department。

院系(部门)信息表结构如图 3-13 所示。

名	类型	长度	小数点	不是 null	虚拟	键	注释
department_id	varchar	10	0	✓	☐	🔑1	院系编号
department_name	varchar	20	0	✓	☐		院系名称

图 3-13 院系(部门)信息表结构

⑤ 课程信息表 course。

课程信息表结构如图 3-14 所示。

名	类型	长度	小数点	不是 null	虚拟	键	注释
course_id	varchar	10	0	✓	☐	🔑1	课程编号
course_name	varchar	20	0	✓	☐		课程名称
course_period	int	4	0	✓	☐		课程学时
course_credit	int	4	0	✓	☐		课程学分
course_teacher	varchar	10	0	✓	☐		任课老师
course_address	varchar	10	0	✓	☐		上课地点

图 3-14 课程信息表结构

⑥ 教师信息表 teacher。

教师信息表结构如图 3-15 所示。

名	类型	长度	小数点	不是 null	虚拟	键	注释
teacher_id	varchar	12	0	✓	□	🔑1	教师编号
teacher_name	varchar	20	0	✓	□		姓名
teacher_sex	varchar	2	0	✓	□		性别
teacher_birthday	date	0	0	✓	□		出生日期
department_id	varchar	255	0	✓	□		所属部门编号
teacher_position	varchar	10	0	✓	□		职称
teacher_tel	varchar	11	0	✓	□		手机号
teacher_address	varchar	100	0	✓	□		家庭住址

图 3-15 教师信息表结构

⑦ 成绩信息表 score。

成绩信息表结构如图 3-16 所示。

名	类型	长度	小数点	不是 null	虚拟	键	注释
student_id	varchar	12	0	✓	□	🔑1	学生编号
course_id	varchar	10	0	✓	□	🔑2	课程编号
score	float	0	0	✓	□		成绩

图 3-16 成绩信息表结构

⑧ 学生选课信息表 xclass。

学生选课信息表结构如图 3-17 所示。

名	类型	长度	小数点	不是 null	虚拟	键	注释
student_id	varchar	12	0	✓	□	🔑1	学生编号
course_id	varchar	10	0	✓	□	🔑2	课程编号

图 3-17 学生选课信息表结构

⑨ 奖惩信息表 prize。

奖惩信息表结构如图 3-18 所示。

名	类型	长度	小数点	不是 null	虚拟	键	注释
prize_id	int	10	0	✓	□	🔑1	序号（自动递增）
student_id	varchar	12	0	✓	□		学生编号
prize_date	date	0	0	✓	□		奖惩时间
prize_name	varchar	20	0	✓	□		奖惩名称
prize_level	varchar	10	0	✓	□		奖惩级别

图 3-18 奖惩信息表结构

⑩ 辅导员信息表 assistant。

辅导员信息表结构如图 3-19 所示。

第二步：创建 Java 项目，实现系统的功能。

(1) 创建 Java 项目名为 SIMS。

(2) 创建包。

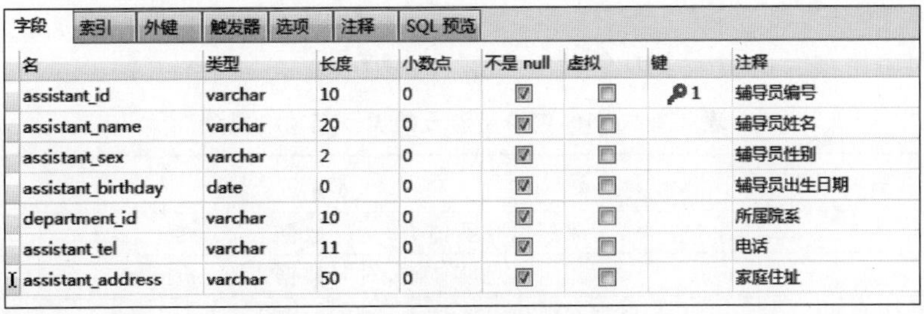

图 3-19 辅导员信息表结构

一般情况下,开发一个信息管理类的项目需要很多类,为了对这些类进行分层管理,按照业务逻辑习惯,一般需要在项目中创建如图 3-20 所示的 4 个包。

其中,view 包存放图形界面程序。entity 包存放实体类。dao 包存放访问数据库的业务逻辑类。util 包存放辅助类。

(3) 在各包中创建相应的类。

① view 包中的类。

view 包中所涉及的类及其功能描述如表 3-1 所示。

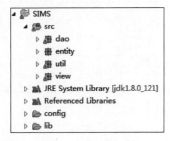

图 3-20 项目结构

表 3-1　view 包中所涉及的类及其功能描述

类　名	功　能
Login	登录窗口,根据用户类别的不同进入相应的主窗口
Mainframe	系统主窗口,不同类别的用户登录后能完成各自不同的功能
DisplayStuSelfInfo	以学生身份登录后显示该学生的个人信息
DisplayTeacherSelfInfo	以教师或管理员身份登录后显示该教师或管理员的个人信息
DisplaySelfScore	以学生身份登录后显示该学生的个人成绩
DisplaySelfCourse	以学生身份登录后显示该学生的个人选课信息
DisplaySelfPrize	以学生身份登录后显示该学生的个人奖惩信息
InsertStudent	以管理员的身份登录后添加学生信息
InsertCourse	以管理员的身份登录后添加课程信息
InsertScore	以管理员或教师的身份登录后添加成绩信息
InsertPrize	以管理员或教师的身份登录后添加学生的奖惩信息
ModifyStudent	以管理员的身份登录后修改学生信息
ModifyCourse	以管理员的身份登录后修改课程信息
ModifyScore	以管理员或教师的身份登录后修改成绩信息
ModifyPassword	修改个人的登录密码
SelectStudent	以管理员或教师的身份登录后查询学生信息
SelectCourse	以管理员或教师的身份登录后查询课程信息
SelectScore	以管理员或教师的身份登录后修改学生成绩信息
selectModifyDeletePrize	以管理员或教师的身份登录后查询/修改/删除学生的奖惩信息
SelectSelfCourse	以学生的身份登录后完成个人选课
DeleteStudent	以管理员的身份登录后删除指定学生的信息
DeleteCourse	以管理员的身份登录后删除指定课程的信息
DeleteScore	以管理员或教师的身份登录后删除指定学生的成绩信息

② entity 包中的类。

entity 包中所涉及的类及其功能描述如表 3-2 所示。

表 3-2　entity 包中所涉及的类及其功能描述

类　名	功　能
Course	课程信息实体类，对应数据表 course
Department	部门信息实体类，对应数据表 depatment
Prize	奖惩信息实体类，对应数据表 prize
SClass	班级信息实体类，对应数据表 sclass
Sscore	成绩信息实体类，对应数据表 sscore
Student	学生信息实体类，对应数据表 student
Teacher	教师信息实体类，对应数据表 teacher
User	用户信息实体类，对应数据表 user
XClass	学生选课信息实体类，对应数据表 xclass

③ dao 包中的类。

dao 包中所涉及的类及其功能描述如表 3-3 所示。

表 3-3　dao 包中所涉及的类及其功能描述

类　名	功　能
DBUtil	封装了对数据库的连接操作
CourseDao	封装了对数据表 course 的增、删、改、查等操作
DepartmentDao	封装了对数据表 department 的增、删、改、查等操作
PrizeDao	封装了对数据表 prize 的增、删、改、查等操作
SClassDao	封装了对数据表 sclass 的增、删、改、查等操作
SscoreDao	封装了对数据表 sscore 的增、删、改、查等操作
StudentDao	封装了对数据表 student 的增、删、改、查等操作
TeacherDao	封装了对数据表 teacher 的增、删、改、查等操作
UserDao	封装了对数据表 user 的增、删、改、查等操作
XClassDao	封装了对数据表 xclass 的增、删、改、查等操作

④ util 包中的类。

util 包中所涉及的类及其功能描述如表 3-4 所示。

表 3-4　util 包中所涉及的类及其功能描述

类　名	功　能
Config	读取项目中的 config 文件夹中的 mysql.properties 文件中的访问数据库的相关信息
DepartmentAndClassLinked	根据所选的院系动态获取该院系的班级名称，实现院系和班级的级联效果
Start	启动项目

第三步：对本项目设置 MySQL 数据库的驱动类路径。

数据库驱动是由数据库提供商开发的，所以，这个包可以在数据库提供商那里免费下载。随着数据库的升级，这些驱动包也会随之升级，因此，存在不同的版本。如 MySQL 的数据库驱动就可以在 MySQL 的相关网站上下载。

本项目中采用的是 mysql-connector-Java-5.0.3-bin.jar 数据库驱动包。

在下载了数据库驱动包后,可以将驱动包放到本项目的 lib 文件夹下,然后将数据库驱动导入 Java 项目中。

在项目上右击,在弹出的快捷菜单中依次单击 Build Path→Configure Build Path,弹出如图 3-21 所示的 Properties for SIMS 对话框,然后在该对话框中选择 Libraries 选项卡,再单击 Add JARs 按钮,在弹出的如图 3-22 所示的 JAR Selection 对话框中,找到本项目中的 lib 文件夹中的数据库驱动包(mysql-connector-Java-5.0.3-bin.jar),将其选中并打开,即可完成数据库驱动的导入。

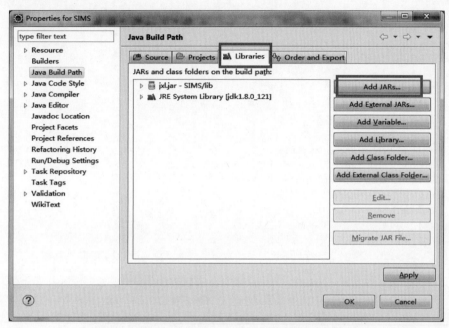

图 3-21　Properties for SIMS 对话框

图 3-22　JAR Selection 对话框

3.5 本项目的实现过程

一、创建登录窗口、主窗口并实现登录功能

1. 在 view 包中创建登录窗口类 Login

代码如下：

```java
package view;
import java.awt.Color;
import java.awt.Font;
import javax.swing.*;
import dao.UserDao;
import entity.User;
//登录窗口的设计
public class Login extends JFrame{
    //定义窗口中用到的组件
    private JPanel jp;
    private JButton btnLogin,btnCancel;
    private JLabel label,lblLogin,lblPassword,lblLevel;
    private JTextField txtLogin;
    private JPasswordField txtPassword;
    private JComboBox level;
    //构造方法:初始化登录窗口
    public Login(){
        setTitle("学生信息管理系统");              //设置窗口的标题
        //创建组件、容器对象
        jp = new JPanel(null);                    //将 jp 容器设置为空布局
        label = new JLabel("欢迎登录学生信息管理系统",JLabel.CENTER);
        Font f = new Font("宋体",Font.BOLD,20);   //创建一个字体对象
        label.setFont(f);                         //设置标签的字体
        lblLogin = new JLabel("账 号:");          //登录标签
        txtLogin = new JTextField();              //登录文本框
        lblPassword = new JLabel("密 码:");       //密码标签
        txtPassword = new JPasswordField();       //密码输入框
        lblLevel = new JLabel("级 别");
        String str[] = {"学生","教师","管理员"};
        level = new JComboBox(str);               //用户级别组合框
        btnLogin = new JButton("登录");           //"登录"按钮
        btnCancel = new JButton("取消");          //"取消"按钮
        //向窗口中添加面板 jp
        this.add(jp);
        //向面板中添加各个组件
        jp.add(label);
        jp.add(lblLogin);
        jp.add(txtLogin);
        jp.add(lblPassword);
        jp.add(txtPassword);
        jp.add(lblLevel);
        jp.add(level);
        jp.add(btnLogin);
        jp.add(btnCancel);
        //设置各个组件的坐标及大小
```

```
        label.setBounds(0,30,400,20);
        lblLogin.setBounds(73,70,60,15);
        txtLogin.setBounds(150, 70, 140, 20);
        lblPassword.setBounds(73,100,60,15);
        txtPassword.setBounds(150,100,140,21);
        lblLevel.setBounds(73,130,60,15);
        level.setBounds(150,130,140,21);
        btnLogin.setBounds(100,240,60,23);
        btnCancel.setBounds(210,240,60,23);
        //设置面板的背景色
        jp.setBackground(Color.PINK);
        this.setSize(400,350);                          //设置窗口的大小
        this.setLocationRelativeTo(null);               //窗口居中
        this.setResizable(false);                       //禁止改变框架大小
        this.setDefaultCloseOperation(JFrame.EXIT_ON_CLOSE);}
```

2. 在 util 包中创建项目启动类 start

代码如下：

```
package util;
import view.Login;
public class start {
    public static void main(String[] args) {
        Login f = new Login();
        f.setVisible(true);
    }
}
```

执行该类，就会得到如图 3-2 所示的登录窗口。目前该窗口只是一个静态窗口，不能实现"登录"和"取消"的动作处理。

3. 在 entity 包中创建实体类 User

该类是表 user 对应的实体类，其中的属性对应表 user 中的字段。通常情况下类名与表名一致，属性名和字段名（列名）一一对应。定义实体类的好处有：

① 对对象实体进行封装，体现面向对象程序设计思想。

② 属性可以对字段定义和状态进行判断和过滤。

③ 把相关信息用一个实体类封装后，方便用户对象在程序中作为参数传递。

代码如下：

```
package entity;
//类名尽量与对应的数据表名一致
public class User {
    //定义属性:习惯于属性名与对应数据表中的列名(字段名)一致
    private String userId;
    private String password;
    private String level;
    //定义各属性的getXxx()/setXxx()方法
    public String getUserId() {
        return userId;
    }
    public void setUserId(String userId) {
        this.userId = userId;
    }
```

```java
    public String getPassword() {
        return password;
    }
    public void setPassword(String password) {
        this.password = password;
    }
    public String getLevel() {
        return level;
    }
    public void setLevel(String level) {
        this.level = level;
    }
    //定义有参构造方法
    public User(String userId, String password, String level) {
        this.userId = userId;
        this.password = password;
        this.level = level;
    }
    //定义无参构造方法
    public User() {
    }
}
```

下面创建系统的主窗口。

4. 在 view 包中创建主窗口类 MainFrame

本窗口利用如下代码实现，目前它只是一个静态窗口，不能实现各菜单项的功能。

```java
package view;
import java.awt.*;
import java.awt.event.*;
import java.io.*;
import java.sql.Date;
import java.util.ArrayList;
import javax.swing.*;
import dao.StudentDao;
import entity.Student;
import entity.User;
import jxl.*;
import jxl.read.biff.BiffException;
//系统窗口
public class MainFrame extends JFrame {
    //定义菜单栏、菜单、菜单项等属性
    private JMenuBar menuBar;
    private JMenu selfInfoMenu, studentMenu, courseMenu, scoreMenu, prizeMenu;
    private JMenu insertStudent;
    private JMenuItem modifyPassword, displaySelfInfo;
    private JMenuItem selectStudent, modifyStudent, deleteStudent, insertOneStudent,
            insertMoreStudent;
    private JMenuItem selectCourse, modifyCourse, insertCourse, deleteCourse,
            displaySelfCourse, selectSelfCourse, quitCourse;
    private JMenuItem displaySelfScore, selectScore, modifyScore, insertScore, deleteScore;
    private JMenuItem displaySelfPrize, selectModifyDeletePrize, insertPrize;
    //构造方法:初始化主窗口,并且通过参数接收当前登录用户的信息,为实现修改个
    //人密码、查看个人信息、根据用户的类别赋予不同的功能等
```

```java
public MainFrame(final User user){
    menuBar = new JMenuBar();                              //创建菜单栏对象
    this.setJMenuBar(menuBar);                             //将菜单栏添加到窗口上面
    //创建各菜单对象
    selfInfoMenu = new JMenu("个人信息管理");
    studentMenu = new JMenu("学生信息管理");
    courseMenu = new JMenu("课程信息管理");
    scoreMenu = new JMenu("成绩信息管理");
    prizeMenu = new JMenu("奖惩信息管理");
    //将菜单添加到菜单栏中
    menuBar.add(selfInfoMenu);
    menuBar.add(studentMenu);
    menuBar.add(courseMenu);
    menuBar.add(scoreMenu);
    menuBar.add(prizeMenu);
    //创建菜单项
    displaySelfInfo = new JMenuItem("查看个人信息");
    modifyPassword = new JMenuItem("修改密码");
    selectStudent = new JMenuItem("查询学生信息");
    modifyStudent = new JMenuItem("修改学生信息");
    deleteStudent = new JMenuItem("删除学生信息");
    //创建"学生信息管理"菜单中的二级菜单"添加学生信息"
    insertStudent = new JMenu("添加学生信息");
    //创建"添加学生信息"二级菜单的菜单项
    insertOneStudent = new JMenuItem("单个添加学生信息");
    insertMoreStudent = new JMenuItem("批量添加学生信息");
    //当鼠标指针指向"批量添加学生信息"菜单项时即时给出提示信息:需要 Excel 文件
    insertMoreStudent.setToolTipText("需要 Excel 文件");
    //创建菜单项
    displaySelfCourse = new JMenuItem("查看个人已选课程");
    selectSelfCourse = new JMenuItem("学生选课");
    quitCourse = new JMenuItem("学生退课");
    selectCourse = new JMenuItem("查询课程");
    modifyCourse = new JMenuItem("修改课程");
    insertCourse = new JMenuItem("添加课程");
    deleteCourse = new JMenuItem("删除课程");
    displaySelfScore = new JMenuItem("查看个人成绩");
    selectScore = new JMenuItem("查询成绩");
    modifyScore = new JMenuItem("修改成绩");
    insertScore = new JMenuItem("录入成绩");
    deleteScore = new JMenuItem("删除成绩");
    displaySelfPrize = new JMenuItem("查看个人奖惩信息");
    selectModifyDeletePrize = new JMenuItem("查询/修改/删除奖惩信息");
    insertPrize = new JMenuItem("录入奖惩信息");
    //将菜单项添加到相应的菜单中
    selfInfoMenu.add(modifyPassword);
    selfInfoMenu.add(displaySelfInfo);
    studentMenu.add(selectStudent);
    studentMenu.add(modifyStudent);
    //将"添加学生信息"菜单添加到"学生信息管理"菜单中,构成级联菜单
    studentMenu.add(insertStudent);
    studentMenu.add(deleteStudent);
    insertStudent.add(insertOneStudent);
    insertStudent.add(insertMoreStudent);
```

```java
                    courseMenu.add(displaySelfCourse);
                    courseMenu.add(selectSelfCourse);
                    courseMenu.add(quitCourse);
                    courseMenu.addSeparator();
                    courseMenu.add(selectCourse);
                    courseMenu.add(insertCourse);
                    courseMenu.add(modifyCourse);
                    courseMenu.add(deleteCourse);
                    scoreMenu.add(displaySelfScore);
                    scoreMenu.addSeparator();
                    scoreMenu.add(selectScore);
                    scoreMenu.add(modifyScore);
                    scoreMenu.add(insertScore);
                    scoreMenu.add(deleteScore);
                    prizeMenu.add(displaySelfPrize);
                    prizeMenu.addSeparator();
                    prizeMenu.add(selectModifyDeletePrize);
                    prizeMenu.add(insertPrize);
                    this.setSize(900, 600);
                    setLocationRelativeTo(null);                    //居中
                    setResizable(false);                            //禁止改变框架大小
                    this.setDefaultCloseOperation(JFrame.EXIT_ON_CLOSE);
                    //根据用户的不同,对主窗口设置不同的标题以及各自权限内不可用的菜单项
                        if(user.getLevel().equals("学生")){
                            this.setTitle("学生信息管理系统－学生端");
                            selectStudent.setEnabled(false);
                            modifyStudent.setEnabled(false);
                            insertStudent.setEnabled(false);
                            deleteStudent.setEnabled(false);
                            modifyCourse.setEnabled(false);
                            insertCourse.setEnabled(false);
                            deleteCourse.setEnabled(false);
                            selectScore.setEnabled(false);
                            modifyScore.setEnabled(false);
                            insertScore.setEnabled(false);
                            deleteScore.setEnabled(false);
                            selectModifyDeletePrize.setEnabled(false);
                            insertPrize.setEnabled(false);
                        }else if(user.getLevel().equals("教师")){
                            this.setTitle("学生信息管理系统－教师端");
                            modifyStudent.setEnabled(false);
                            insertStudent.setEnabled(false);
                            deleteStudent.setEnabled(false);
                            modifyCourse.setEnabled(false);
                            insertCourse.setEnabled(false);
                            deleteCourse.setEnabled(false);
                            displaySelfCourse.setEnabled(false);
                            selectSelfCourse.setEnabled(false);
                            quitCourse.setEnabled(false);
                            displaySelfScore.setEnabled(false);
                            displaySelfPrize.setEnabled(false);
                        }else if(user.getLevel().equals("管理员")){
                            this.setTitle("学生信息管理系统－管理员端");
                            displaySelfCourse.setEnabled(false);
```

```
            selectSelfCourse.setEnabled(false);
            quitCourse.setEnabled(false);
            displaySelfScore.setEnabled(false);
            displaySelfPrize.setEnabled(false);
        }
    }
}
```

5. 利用 JDBC 技术访问表 user，实现登录功能

(1) 在项目中创建 config 文件夹。

(2) 在 config 文件夹中创建数据库的属性文件：mysql.properties。

在该属性文件中以"键值对"的形式存放连接 MySQL 数据库的配置信息。这样做的好处是在不改变 Java 代码的情况下方便地更换数据库的相关信息。

文件内容如下：

```
driver = com.mysql.jdbc.Driver
url = jdbc:mysql://localhost:3306/student??useUnicode = true&characterEncoding = utf8
username = root
password = 123456
```

(3) 在 util 包中创建 config 类。

为了读取 mysql.properties 属性文件中的数据，此时需要编写一个 config 类，该类通过 java.util.Properties 类提供的 get() 方法获取指定键所对应的值，为访问数据库时的"创建连接"步骤做准备。

config 类的代码如下：

```
package util;
import java.io.FileInputStream;
import java.util.Properties;
public class Config {
    private static Properties p = null;
    static {
        try{
            p = new Properties();
            //加载配置文件
            p.load(new FileInputStream("config\\mysql.properties"));
        }catch(Exception e){
            e.printStackTrace();
        }
    }
    //获取键对应的值
    public static String getValue(String key){
        return p.get(key).toString();
    }
}
```

(4) 在 dao 包中创建 DBUtil 类。

在访问数据库时，都要顺序执行"加载驱动、创建连接、创建 Statement 对象、执行 SQL 命令、处理结果、关闭创建的资源"等相同的步骤，无非是执行的 SQL 语句不同而已。因此，为了简化数据库访问操作，提高程序效率，就需要将访问数据库时的共同的基础代码进行封装，即编写一个访问数据库的工具类 DBUtil，该类可以提供访问数据库时所用到的连接、查询、更新、关闭等操作的基本方法,这样其他类通过调用该类中的方法就可以进行数据库的访问了。

这里只给出了访问数据库时的"加载驱动、创建连接"的方法 getConnection(),其他方法如查询、更新、关闭等没有进一步给出,如果需要可自行定义。

DBUtil 类的代码如下:

```java
package dao;
import java.sql.*;
import javax.swing.JOptionPane;
import util.Config;
public class DBUtil {
    public Connection getConnection(){
        //通过 Config 类获取 MySQL 数据库的配置信息
        String DRIVER = Config.getValue("driver");
        String URL = Config.getValue("url");
        String USERNAME = Config.getValue("username");
        String PASSWORD = Config.getValue("password");
        Connection con = null;
        try {
            //加载驱动
            Class.forName(DRIVER);
            //建立数据库连接
            con = DriverManager.getConnection(URL, USERNAME, PASSWORD);
        } catch (Exception e) {
            //如果连接过程出现异常,则弹出异常信息对话框
            JOptionPane.showMessageDialog(null,"驱动错误或连接失败!");
        }
        return con;
    }
}
```

(5) 在 dao 包中创建访问 user 表的类:UserDao 类。

在创建 Java 项目时,希望把对数据库的访问封装起来,这些实现对数据库的访问的类一般被称为 Dao 类。

Dao 类的主要目的是封装数据库访问,使得数据访问和业务逻辑分离,以达到解耦的目的。这样可以提高代码的可重用性,减少重复代码,提高系统的可维护性。

一般情况下,数据库中的每个表都对应一个 Dao 类,完成对该表的增、删、改、查等操作。项目中的其他的类可以调用 Dao 类中的方法实现对数据的操作,一般来说,数据库中的每张数据表都要对应一个 Dao 类。这里对 user 表对应地创建一个 Dao 类:UserDao,封装对 user 表的各种增、删、改、查等操作。

UserDao 类的代码如下:

```java
package dao;
import java.sql.*;
import javax.swing.JOptionPane;
import entity.User;
public class UserDao {
    //定义方法:根据账号、密码以及级别在 user 表中进行查询,如果查询到该
    //用户,则返回该用户的信息,否则,返回一个 null 值
    public User selectUserByIdAndPasswordAndLevel(String userId,String password,String level ){
```

```java
        User user = null;
        Connection con = null;
        PreparedStatement pstmt = null;
        ResultSet rs = null;
        //实例化数据库工具
        DBUtil dbUtil = new DBUtil();
        try{
            //打开数据库,获取连接对象
            con = dbUtil.getConnection();
            //创建 PreparedStatment 对象
            String sql = "select * from user where user_id = ? and password = ? and level = ?";
            pstmt = con.prepareStatement(sql);
            pstmt.setString(1,userId);
            pstmt.setString(2, password);
            pstmt.setString(3, level);
            //执行查询命令,获取查询结果集
            rs = pstmt.executeQuery();
            //查看结果集中是否存在该用户,如果存在,则将该用户的信息封装成一
            //个 User 对象
            if(rs.next())
                user = new User(rs.getString(1),rs.getString(2),rs.getString(3));
        }catch(Exception e){
            JOptionPane.showMessageDialog(null,"查询 user 表失败");
            e.printStackTrace();
        }finally{
            //关闭创建的对象,释放资源
            try{
                if(rs!= null)
                    rs.close();
                if(pstmt!= null)
                    pstmt.close();
                if(con!= null)
                    con.close();
            }catch( Exception e){
                e.printStackTrace( );
            }
        }
        //返回用户信息
        return user;
    }
    //定义方法:完成修改密码的功能
    public boolean modifyPassword(String userId,String newpassword){
        Connection con = null;
        PreparedStatement pstmt = null;
        ResultSet rs = null;
        //实例化数据库工具
        DBUtil dbUtil = new DBUtil();
        boolean flag = false;
        try{
            con = dbUtil.getConnection();
            String sql = "update user set password = ? where user_id = ?";
            pstmt = con.prepareStatement(sql);
            pstmt.setString(1, newpassword);
            pstmt.setString(2, userId);
```

```java
            int n = pstmt.executeUpdate();
            if(n > 0)flag = true;
        }catch(Exception e){
            JOptionPane.showMessageDialog(null, "访问 user 表失败!");
        }finally{
            try{
                if(rs!= null)
                    rs.close();
                if(pstmt!= null)
                    pstmt.close();
                if(con!= null)
                    con.close();
            }catch(Exception e){
                e.printStackTrace();
            }
        }
        return flag;
    }
    //定义方法:实现按照用户编号查找用户的功能
    public User selectUserById(String userId){
        User user = null;
        Connection con = null;
        PreparedStatement pstmt = null;
        ResultSet rs = null;
        DBUtil dbUtil = new DBUtil();
        try{
            con = dbUtil.getConnection();
            String sql = "select * from user where user_id = ?";
            pstmt = con.prepareStatement(sql);
            pstmt.setString(1, userId);
            rs = pstmt.executeQuery();
            if(rs.next())
                user = new User(rs.getString(1),rs.getString(2),rs.getString(3));
        }catch(Exception e){
            JOptionPane.showMessageDialog(null, "访问 user 表失败!");
        }finally{
            try{
                if(rs!= null)
                    rs.close();
                if(pstmt!= null)
                    pstmt.close();
                if(con!= null)
                    con.close();
            }catch(Exception e){
                e.printStackTrace();
            }
        }
        return user;
    }
    //定义方法:实现添加新用户的功能
    public boolean insertUser(User user){
        boolean bool = false;
        Connection con = null;
        PreparedStatement pstmt = null;
```

```java
        ResultSet rs = null;
        DBUtil dbUtil = new DBUtil();
        try{
            con = dbUtil.getConnection();
            String sql = "insert into user values(?,?,?)";
            pstmt = con.prepareStatement(sql);
            pstmt.setString(1, user.getUserId());
            pstmt.setString(2, user.getPassword());
            pstmt.setString(3, user.getLevel());
            int n = pstmt.executeUpdate();
            if(n > 0)
                bool = true;
        }catch(Exception e){
            JOptionPane.showMessageDialog(null, "访问 user 表失败!");
        }finally{
            try{
                if(rs!= null)
                    rs.close();
                if(pstmt!= null)
                    pstmt.close();
                if(con!= null)
                    con.close();
            }catch(Exception e){
                e.printStackTrace();
            }
        }
        return bool;
    }
}
```

（6）修改 Login 类，在构造方法中采用匿名类的方式实现"登录"按钮的事件处理。

对"登录"按钮的事件处理过程：当单击"登录"按钮时，首先获取登录窗口中的账号、密码和级别信息，然后调用 UserDao 类中的 selectUserByIdAndPasswordAndLevel() 方法查询数据库中的 user 表，最后根据该方法的返回值进行判断处理，如果返回值为 null，则提示用户"账号或密码或级别不正确"，如果返回值不为空，则打开系统的主窗口，同时隐藏登录窗口。

"登录"按钮事件处理的代码如下：

```java
btnLogin.addActionListener(new ActionListener(){
    public void actionPerformed(ActionEvent e){
        //获取登录窗口中的账号、密码和级别信息
        String userId = txtLogin.getText();
        char[] passwordChars = txtPassword.getPassword();
        String password = new String(passwordChars);
        int index = level.getSelectedIndex();
        String userlevel = null;
        if(index == 0)
            userlevel = "学生";
        else if(index == 1)
            userlevel = "教师";
        else if(index == 2)
            userlevel = "管理员";
```

```java
        UserDao ud = new UserDao();
        User user = ud.selectUserByIdAndPasswordAndLevel( userId,password, userlevel );
        if(user == null){
            JOptionPane.showMessageDialog(Login.this.btnLogin,"账号或密码或级别错误,
                                          请重新输入");
            //清空账号和密码框中的内容
            txtLogin.setText("");
            txtPassword.setText("");
            //账号输入框得到焦点
            Login.this.txtLogin.requestFocus();
            return;
        }else{
            //创建主窗口对象
            MainFrame mf = new MainFrame(user);
            //主窗口显示
            mf.setVisible(true);
            //登录窗口隐藏
            Login.this.setVisible(false);
        }
    }
});
```

除了"登录"按钮外,登录窗口中还有一个"取消"按钮。下面对"取消"按钮进行事件处理。

(7) 修改 Login 类,在构造方法中采用匿名类的方式实现"取消"按钮的事件处理。

对"取消"按钮的事件处理过程:清空账号和密码框的内容,同时账号输入框获得焦点。代码如下:

```java
//"取消"按钮注册事件
btnCancel.addActionListener(new ActionListener(){
    public void actionPerformed(ActionEvent e) {
        //清空编号和密码内容
        txtLogin.setText("");
        txtPassword.setText("");
        //用户编号输入框得到焦点
        Login.this.txtLogin.requestFocus();
    }
});
```

当在图 3-2 所示的窗口中输入账号、密码以及选择用户级别(如管理员)后,单击"登录"按钮时,则利用 JDBC 技术访问 student 数据库中的 user 表,如果连接数据库出错,则弹出如图 3-23 所示的对话框;如果该用户存在,则跳转到如图 3-3 所示的主窗口,如果该用户不存在,则弹出如图 3-24 所示的"消息"对话框。如果单击如图 3-2 所示登录窗口中的"取消"按钮,则清空账号和密码框中的内容。

图 3-23 连接数据库失败的"消息"对话框

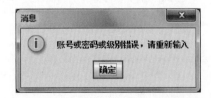

图 3-24 登录失败的"消息"对话框

二、"修改密码"菜单项功能实现

1. 实现思路

当单击"修改密码"菜单项时,首先应该调出如图3-25所示的"修改密码"窗口。在该窗口中输入当前用户的旧密码、新密码、确认密码等信息。

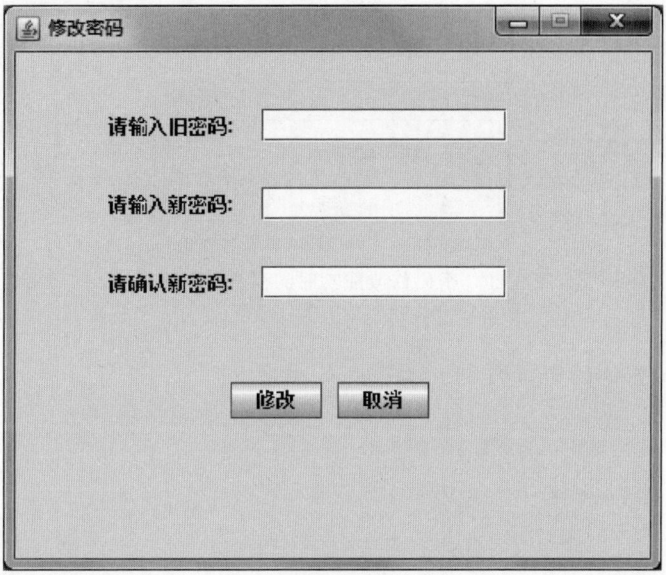

图3-25 "修改密码"窗口

当单击该窗口中的"修改"按钮时,首先检查该窗口中的3个密码框是否都不为空,如果存在空的密码框,则利用如图3-26所示的"消息"对话框进行提示,要求用户重新输入旧密码或新密码或确认密码等信息;如果3个密码框都不为空,则接着判断当前用户输入的旧密码与user数据表中的密码是否一致,如果不一致,则利用如图3-27所示"消息"对话框进行提示,要求用户重新输入旧密码;如果与旧密码一致,最后还要判断用户输入的新密码和确认密码是否一致,如果二者不一致,则弹出如图3-28所示的"消息"对话框,要求用户重新输入新密码、确认密码等信息,如果新密码和确认密码一致,则调用UserDao类中的modifyPassword()方法修改user数据表中当前用户的密码并返回一个boolean值。如果返回值为true,则弹出如图3-29所示的"密码修改成功"消息提示框,否则弹出"密码修改失败"消息提示框。

当单击"取消"按钮时,清空3个密码框中的内容。

图3-26 密码框为空时的消息提示对话框

图 3-27 旧密码不正确时的消息提示对话框

图 3-28 新密码和确认密码不一致时的消息提示对话框

图 3-29 密码修改成功时的消息提示对话框

2. 代码实现

（1）定义修改密码的窗口类 ModifyPassword。

代码如下：

```
package view;
import java.awt.event.*;
import javax.swing.*;
import dao.UserDao;
import entity.User;
public class ModifyPassword extends JFrame{
    //定义组件
    private JPanel jp;
    private JLabel lblOldPassword,lblNewPassword,lblConfirmPassword;
    private JPasswordField txtOldPassword,txtNewPassword,txtConfirmPassword;
    private JButton btnModify,btnCancel;
    //定义构造方法:完成窗口的初始化,通过形参接收当前登录用户的信息,为修改
    //密码做好准备
    public ModifyPassword(final User user){
        super("修改密码");
        jp = new JPanel(null);
        lblOldPassword = new JLabel("请输入旧密码");
        lblNewPassword = new JLabel("请输入新密码");
        lblConfirmPassword = new JLabel("请确认新密码");
        txtOldPassword = new JPasswordField();
        txtNewPassword = new JPasswordField();
        txtConfirmPassword = new JPasswordField();
        btnModify = new JButton("修改");
        btnCancel = new JButton("取消");
        //设置各组件的绝对位置和大小
        lblOldPassword.setBounds(60, 40, 100, 15);
        lblNewPassword.setBounds(60, 90, 100, 15);
        lblConfirmPassword.setBounds(60, 140, 100, 15);
        txtOldPassword.setBounds(160, 36, 160, 21);
        txtNewPassword.setBounds(160, 86, 160, 21);
        txtConfirmPassword.setBounds(160, 136, 160, 21);
        btnModify.setBounds(140, 210, 60, 23);
        btnCancel.setBounds(210, 210, 60, 23);
```

```
        //将中间容器(面板)jp添加到窗口中
        this.add(jp);
        //将各组件添加到中间容器jp中
        jp.add(lblOldPassword);
        jp.add(lblNewPassword);
        jp.add(lblConfirmPassword);
        jp.add(txtOldPassword);
        jp.add(txtNewPassword);
        jp.add(txtConfirmPassword);
        jp.add(btnModify);
        jp.add(btnCancel);
        this.setSize(420,350);
        setLocationRelativeTo(null);              //窗口居中
        setResizable(false);                      //窗口大小不可改变
    }
}
```

（2）修改MainFrame类的构造方法，添加如下代码，实现"修改密码"菜单项的事件处理。

```
modifyPassword.addActionListener(new ActionListener() {
        public void actionPerformed(ActionEvent e) {
        ModifyPassword f = new ModifyPassword(user);
        f.setVisible(true);
        }
});
```

（3）修改ModifyPassword类的构造方法，添加如下代码，实现"修改"按钮的事件处理。

```
btnModify.addActionListener(new ActionListener(){
    public void actionPerformed(ActionEvent ex){
        //获取输入的旧密码、新密码以及确认密码
        String oldPass = new String(txtOldPassword.getPassword());
        String pass1 = new String(txtNewPassword.getPassword());
        String pass2 = new String(txtConfirmPassword.getPassword());
        //判断旧密码框是否为空,如果为空,则提示"旧密码框不能为空,请输入!"
        if(oldPass.equals("")){
            JOptionPane.showMessageDialog(btnModify, "旧密码框不能为空,请输入!");
            txtOldPassword.requestFocus();
            return;
        }
//判断新密码框是否为空,如果为空,则提示"新密码框不能为空,请输入!"
        if(pass1.equals("")){
            JOptionPane.showMessageDialog(btnModify, "新密码框不能为空,请输入!");
            txtNewPassword.requestFocus();
            return;
        }
        //判断确认密码框是否为空,如果为空,则提示"确认密码框不能为空,请输入!"
        if(pass2.equals("")){
            JOptionPane.showMessageDialog(btnModify, "确认密码框不能为空,请输入!");
            txtConfirmPassword.requestFocus();
            return;
        }
        //判断当前输入的旧密码是否正确
        if(!oldPass.equals(user.getPassword())){
            JOptionPane.showMessageDialog(btnModify,"旧密码不正确,请重新输入!");
            txtOldPassword.setText("");
```

```
                txtOldPassword.requestFocus();
                return;
            }
            //判断新密码与确认密码是否一致
            if(!pass1.equals(pass2)){
                JOptionPane.showMessageDialog(btnModify,"新密码与确认密码不相同,请重新输入!");
                txtNewPassword.setText("");
                txtConfirmPassword.setText("");
                txtNewPassword.requestFocus();
                return;
            }
            //访问 user 表,完成修改当前用户的密码的功能
        }
    });
```

这时如果 3 个密码框都符合要求,接下来就要访问 user 表,实现修改当前用户密码的功能。

(4) 修改 UserDao 类,添加修改密码的方法 modifyPassword( )。

代码如下:

```
public boolean modifyPassword(String userId, String newpassword){
    Connection con = null;
    PreparedStatement pstmt = null;
    ResultSet rs = null;
    //实例化数据库工具
    DBUtil dbUtil = new DBUtil();
    boolean flag = false;
    //打开数据库,获取连接对象
    try{
        con = dbUtil.getConnection();
        pstmt = con.prepareStatement("update user set password = ? where user_id = ?");
        //创建 PreparedStatement 对象
        pstmt.setString(1,newpassword);
        pstmt.setString(2,userId);
        int n = pstmt.executeUpdate();
        if(n > 0) flag = true;
    }catch(Exception e){
        JOptionPane.showMessageDialog(null,"访问 user 表失败!");
    }finally{
        try{
            if(rs!= null)
                rs.close();
            if(pstmt!= null)
                pstmt.close();
            if(con!= null)
                con.close();
        }catch(Exception e){
            e.printStackTrace();
        }
    }
    return flag;
}
```

(5) 修改 ModifyPassword 类的构造方法,在"修改"按钮事件处理的代码段中的注释"//访问 user 表,完成修改当前用户的密码的功能"处调用 modifyPassword( )方法,实现修

改密码的功能。

添加代码如下：

```
try{
    UserDao ud = new UserDao();
    boolean flag = ud.modifyPassword(user.getUserId(),pass1);
    if(flag)
        JOptionPane.showMessageDialog(btnModify, "密码修改成功");
    else JOptionPane.showMessageDialog(btnModify, "密码修改失败");
} catch (Exception e) {
    e.printStackTrace();
}
```

至此，修改密码的功能就成功实现了。

另外，在修改密码的对话框中还有一个"取消"按钮，下面快速实现"取消"按钮的功能。

(6) 修改 ModifyPassword 类的构造方法，添加如下代码，实现"取消"按钮的事件处理。

```
btnCancel.addActionListener(new ActionListener() {
    public void actionPerformed(ActionEvent e) {
        txtOldPassword.setText("");
        txtNewPassword.setText("");
        txtConfirmPassword.setText("");
    }
});
```

运行该系统，单击"修改密码"菜单项，发现该菜单项能正确完成当前用户修改密码的功能。

三、"查看个人信息"菜单项功能实现

1．实现思路

由于本系统具有 3 类用户，不同身份的用户他们的个人信息是不同的，那么在实现该菜单项的功能时就要针对不同的用户展示不同的查看结果。当学生身份的用户单击"查看个人信息"菜单项时，应该调出如图 3-30 所示的窗口，在该窗口中显示出当前学生的个人信息，并且这些信息不允许用户修改。当教师或管理员（管理员也是一名教师，其信息也存储在 teacher 表中）身份的用户单击"查看个人信息"菜单项时，应该调出如图 3-31 所示的窗口，在该窗口中显示出当前教师的个人信息，并且这些信息不允许用户修改。

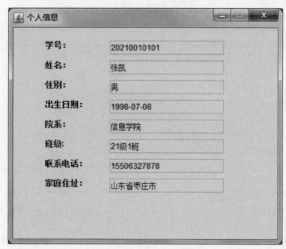

图 3-30　学生个人信息

图 3-31　教师(管理员)个人信息

2. 代码实现

下面先创建显示学生信息的窗口。

(1) 定义显示学生信息的窗口。

代码如下:

```java
public class DisplayStuSelfInfo extends JFrame {
    private JPanel jp;
    private JLabel lblSId,lblSName,lblSex,lblDepartment,lblClass,lblBirthday,
                lblTel,lblAddress;
    private JTextField txtSId,txtSName,txtSex,txtDepartment,txtClassName,txtBirthday,
                txtTel,txtAddress;
    public DisplayStuSelfInfo(User user){
        super("个人信息");
        jp = new JPanel(null);
        lblSId = new JLabel("学号:");
        lblSName = new JLabel("姓名:");
        lblSex = new JLabel("性别:");
        lblDepartment = new JLabel("院系:");
        lblClass = new JLabel("班级:");
        lblBirthday = new JLabel("出生日期:");
        lblTel = new JLabel("联系电话:");
        lblAddress = new JLabel("家庭住址:");
        txtSId = new JTextField(10);
        txtSName = new JTextField(10);
        txtSex = new JTextField(10);
        txtDepartment = new JTextField(10);
        txtClassName = new JTextField(10);
        txtBirthday = new JTextField(10);
        txtTel = new JTextField(12);
        txtAddress = new JTextField(20);
        this.add(jp);
        jp.add(lblSId);
        jp.add(txtSId);
        jp.add(lblSName);
        jp.add(txtSName);
```

```
        jp.add(lblSex);
        jp.add(txtSex);
        jp.add(lblBirthday);
        jp.add(txtBirthday);
        jp.add(lblDepartment);
        jp.add(txtDepartment);
        jp.add(lblClass);
        jp.add(txtClassName);
        jp.add(lblTel);
        jp.add(txtTel);
        jp.add(lblAddress);
        jp.add(txtAddress);
        lblSId.setBounds(50,20,100,15);
        lblSName.setBounds(50, 50, 100, 15);
        lblSex.setBounds(50, 80, 100, 15);
        lblBirthday.setBounds(50, 110, 100, 15);
        lblDepartment.setBounds(50, 140, 100, 15);
        lblClass.setBounds(50, 170, 100, 15);
        lblTel.setBounds(50, 200, 100, 15);
        lblAddress.setBounds(50, 230, 100, 15);
        txtSId.setBounds(150, 20, 180, 21);
        txtSName.setBounds(150, 50, 180, 21);
        txtSex.setBounds(150, 80, 180, 21);
        txtBirthday.setBounds(150, 110, 180, 21);
        txtDepartment.setBounds(150, 140, 180, 21);
        txtClassName.setBounds(150, 170, 180, 21);
        txtTel.setBounds(150, 200, 180, 21);
        txtAddress.setBounds(150, 230, 180, 21);
        this.setSize(420, 350);
        setLocationRelativeTo(null);          //Frame 居中
        setResizable(false);                  //禁止改变框架大小
    }
}
```

此时上述窗口中没有显示当前用户的信息。要想得到当前学生用户的信息，需要访问数据表 student。与 user 表的处理方法一样，这里也要对 student 表定义相应的实体类和访问业务逻辑类。

（2）在 entity 包中定义实体类 Student。

```
public class Student {
    //定义与 student 表中的字段相对应的属性变量
    private String studentId;
    private String studentName;
    private String studentSex;
    private Date studentBirthday;
    private String classId;
    private String studentTel;
    private String studentAddress;
    //定义各属性的 getXxx()、setXxx()方法
    public String getStudentId() {
        return studentId;
    }
    public void setStudentId(String studentId) {
        this.studentId = studentId;
```

```java
    }
    public String getStudentName() {
        return studentName;
    }
    public void setStudentName(String studentName) {
        this.studentName = studentName;
    }
    public String getStudentSex() {
        return studentSex;
    }
    public void setStudentSex(String studentSex) {
        this.studentSex = studentSex;
    }
    public Date getStudentBirthday() {
        return studentBirthday;
    }
    public void setStudentBirthday(Date studentBirthday) {
        this.studentBirthday = studentBirthday;
    }
    public String getClassId() {
        return classId;
    }
    public void setClassId(String classId) {
        this.classId = classId;
    }
    public String getStudentTel() {
        return studentTel;
    }
    public void setStudentTel(String studentTel) {
        this.studentTel = studentTel;
    }
    public String getStudentAddress() {
        return studentAddress;
    }
    public void setStudentAddress(String studentAddress) {
        this.studentAddress = studentAddress;
    }
    //定义构造方法
    public Student(String studentId, String studentName, String studentSex,
            Date studentBirthday, String classId, String studentTel,
            String studentAddress) {
        this.studentId = studentId;
        this.studentName = studentName;
        this.studentSex = studentSex;
        this.studentBirthday = studentBirthday;
        this.classId = classId;
        this.studentTel = studentTel;
        this.studentAddress = studentAddress;
    }
    public Student() {
    }
}
```

（3）在 dao 包中定义访问 student 表的类 StudentDao，在该类中定义方法 selectBySId()，实现通过学号查询学生信息的功能。

```java
public class StudentDao {
    //通过学生学号查询得到学生的信息
    public Student selectBySId(String sId){
        Student student = null;
        Connection con = null;
        PreparedStatement pstmt = null;
        ResultSet rs = null;
        //实例化数据库工具
        DBUtil dbUtil = new DBUtil();
        try{
            //打开数据库,获取连接对象
            con = dbUtil.getConnection();
            //创建 PreparedStatment 对象
            pstmt = con.prepareStatement("select * from student where student_id = ? ");
            pstmt.setString(1, sId);
            rs = pstmt.executeQuery();              //获取查询结果集
            //如果访问结果集中有数据,则将这些数据实例化为一个 student 对象并返回
            if(rs.next())
                student = new Student(rs.getString(1),rs.getString(2),rs.getString(3),rs.getDate(4),
                    rs.getString(5),rs.getString(6),rs.getString(7));
        }catch(Exception e){
            JOptionPane.showMessageDialog(null, "访问 user 表失败!");
        }finally{
            try{
                if(rs!= null)
                    rs.close();
                if(pstmt!= null)
                    pstmt.close();
                if(con!= null)
                    con.close();
            }catch( Exception e){
                e.printStackTrace( );
            }
        }
        return student ;
    }}
```

这时通过该方法就可以得到当前学生用户的信息,得到的信息包括学号、姓名、性别、出生日期、班级编号、联系电话和家庭住址。但是在需求中要求显示的班级信息不是班级编号,而是班级名称,下面就访问 sclass 表,定义一个方法实现通过班级编号获取班级名称的功能。

（4）在 entity 包中定义实体类 SClass。

```java
public class SClass {
    //定义与 sclass 表中的字段相对应的属性变量
    private String classId;
    private String className;
    private String departmentId;
    private String assitantId;
    //定义各属性的 getXxx()、setXxx()方法
    public String getClassId() {
```

```java
      return classId;
    }
    public void setClassId(String classId) {
      this.classId = classId;
    }
    public String getClassName() {
      return className;
    }
    public void setClassName(String className) {
      this.className = className;
    }
    public String getDepartmentId() {
      return departmentId;
    }
    public void setDepartmentId(String departmentId) {
      this.departmentId = departmentId;
    }
    public String getAssitantId() {
      return assitantId;
    }
    public void setAssitantId(String assitantId) {
      this.assitantId = assitantId;
    }
    //定义构造方法
    public SClass(String classId, String className, String departmentId, String assitantId) {
      this.classId = classId;
      this.className = className;
      this.departmentId = departmentId;
      this.assitantId = assitantId;
    }
    public SClass() {

    }
}
```

(5) 在 dao 包中定义访问 sclass 表的类 SClassDao,在该类中定义方法 selectByClassId(),实现通过班级编号获取班级信息的功能。

```java
public class SClassDao {
//通过班级编号获取班级信息
public SClass selectByClassId(String classId){
    SClass c = null;
    Connection con = null;
    PreparedStatement pstmt = null;
    ResultSet rs = null;
    //实例化数据库工具
    DBUtil dbUtil = new DBUtil();
    try{
        //打开数据库,获取连接对象
        con = dbUtil.getConnection();
        //创建 PreparedStatment 对象
        pstmt = con.prepareStatement("select * from sclass where class_id = ?");
        pstmt.setString(1, classId);
        rs = pstmt.executeQuery();                //获取查询结果集
```

```java
        //如果访问结果集中有数据,则用这些数据实例化c对象并返回
        if(rs.next())
            c = new SClass(rs.getString(1),rs.getString(2),rs.getString(3),rs.getString(4));
    }catch(Exception e){
        JOptionPane.showMessageDialog(null, "访问 sclass 表失败");
    }finally{
        try{
            if(rs!= null)
                rs.close();
            if(pstmt!= null)
                pstmt.close();
            if(con!= null)
                con.close();
        }catch(Exception e){
            e.printStackTrace();
        }
    }
    return c;
    }
}
```

在这里通过上述方法,就可以查询到指定班级编号的班级信息了。信息包括班级编号、班级名称、院系编号以及辅导员编号。

回过头来再查看一下需求,发现需求中还需要显示出该学生用户所在的院系名称,接下来还要进一步访问 department 表,实现通过院系编号获取到院系名称的功能。

(6) 在 entity 包定义实体类 Department 类。

```java
public class Department {
    private String departmentName;
    private String departmentId;
    public String getDepartmentName() {
        return departmentName;
    }
        public void setDepartmentName(String departmentName) {
          this.departmentName = departmentName;
        }
    public String getDepartmentId() {
        return departmentId;
    }
    public void setDepartmentId(String departmentId) {
        this.departmentId = departmentId;
    }
    public Department(String departmentName, String departmentId) {
        this.departmentName = departmentName;
        this.departmentId = departmentId;
    }
    public Department() {
    }
}
```

(7) 在 dao 包中定义访问 department 表的类 DepartmentDao,在该类中定义方法 selectByDepartmentId(),实现通过院系编号获取院系名称的功能。

```java
public class DepartmentDao {
    //通过院系编号获取院系名称
```

```java
        public String selectByDepartmentId(String departmentId){
            String departmentName = null;
            Connection con = null;
            PreparedStatement pstmt = null;
            ResultSet rs = null;
            DBUtil dbUtil = new DBUtil();
            try{
                con = dbUtil.getConnection();
                pstmt = con.prepareStatement("select * from department where department_id = ?");
                pstmt.setString(1, departmentId);
                rs = pstmt.executeQuery();
                if(rs.next())
                  departmentName = rs.getString(2);
            }catch(Exception e){
                JOptionPane.showMessageDialog(null, "访问 department 表失败");
            }finally{
                try{
                    if(rs!= null)
                        rs.close();
                    if(pstmt!= null)
                        pstmt.close();
                    if(con!= null)
                        con.close();
                }catch(Exception e){
                    e.printStackTrace();
                }
            }
            return departmentName;
        }
    }
```

至此，确定好了通过学号获取学生信息、通过班级编号获取班级信息以及通过院系编号获取院系名称的功能。接下来就调用这些方法来获取学生的完整信息，并显示在相应的文本框中。

（8）修改 DisplayStuSelfInfo 类，在构造方法中添加如下代码，实现获取学生的完整信息并显示在相应的文本框中的功能。

```java
//访问 student、sclass 和 department 表，得到当前学生的信息、班级信息以及院系名称
StudentDao sd = new StudentDao();
Student s = sd.selectBySId(user.getUserId());
SClassDao cd = new SClassDao();
SClass c = cd.selectByClassId(s.getClassId());
DepartmentDao dd = new DepartmentDao();
String departmentName = dd.selectByDepartmentId(c.getDepartmentId());
//将学生信息在对应文本框中显示出来
txtSId.setText(s.getStudentId());
txtSName.setText(s.getStudentName());
txtSex.setText(s.getStudentSex());
txtClassName.setText(c.getClassName());
txtDepartment.setText(departmentName);
txtTel.setText(s.getStudentTel());
txtAddress.setText(s.getStudentAddress());
Date d = s.getStudentBirthday();
```

```java
//将 Date 类型的生日转换为 String 类型的字符串,并显示在相应的文本框中
txtBirthday.setText(String.valueOf(d));
```

(9) 将文本框内容设置为不可编辑状态。

```java
txtSId.setEditable(false);
txtSName.setEditable(false);
txtSex.setEditable(false);
txtBirthday.setEditable(false);
txtDepartment.setEditable(false);
txtClassName.setEditable(false);
txtAddress.setEditable(false);
txtTel.setEditable(false);
```

此时,学生用户查看个人信息的功能就开发完成了。

下面,仿照学生用户查看个人信息的实现过程,快速实现教师或管理员查看个人信息的功能。这里,为了管理方便,把管理员的信息也存储在教师表中。

(10) 定义显示教师或管理员信息的窗口。

```java
public class DisplayTeacherSelfInfo extends JFrame {
    private JPanel jp;
    private JLabel lblSId,lblSName,lblSex,lblDepartment,lblBirthday,lblPosition,
    lblTel,lblAddress;
    private JTextField txtSId,txtSName,txtSex,txtDepartment,txtBirthday,txtPosition,
    txtTel,txtAddress;
    public DisplayTeacherSelfInfo(User user){
        super("个人信息");
        jp = new JPanel(null);
        lblSId = new JLabel("编号:");
        lblSName = new JLabel("姓名:");
        lblSex = new JLabel("性别:");
        lblDepartment = new JLabel("院系:");
        lblBirthday = new JLabel("出生日期:");
        lblPosition = new JLabel("职称:");
        lblTel = new JLabel("联系电话:");
        lblAddress = new JLabel("家庭住址:");
        txtSId = new JTextField(10);
        txtSName = new JTextField(10);
        txtSex = new JTextField(10);
        txtDepartment = new JTextField(10);
        txtBirthday = new JTextField(10);
        txtPosition = new JTextField(10);
        txtTel = new JTextField(12);
        txtAddress = new JTextField(20);
        this.add(jp);
        jp.add(lblSId);
        jp.add(txtSId);
        jp.add(lblSName);
        jp.add(txtSName);
        jp.add(lblSex);
        jp.add(txtSex);
        jp.add(lblBirthday);
        jp.add(txtBirthday);
        jp.add(lblDepartment);
```

```java
        jp.add(txtDepartment);
        jp.add(lblPosition);
        jp.add(txtPosition);
        jp.add(lblTel);
        jp.add(txtTel);
        jp.add(lblAddress);
        jp.add(txtAddress);
        lblSId.setBounds(50, 20, 100, 15);
        lblSName.setBounds(50, 50, 100, 15);
        lblSex.setBounds(50, 80, 100, 15);
        lblBirthday.setBounds(50, 110, 100, 15);
        lblDepartment.setBounds(50, 140, 100, 15);
        lblPosition.setBounds(50, 170, 100, 15);
        lblTel.setBounds(50, 200, 100, 15);
        lblAddress.setBounds(50, 230, 100, 15);
        txtSId.setBounds(150, 20, 180, 21);
        txtSName.setBounds(150, 50, 180, 21);
        txtSex.setBounds(150, 80, 180, 21);
        txtBirthday.setBounds(150, 110, 180, 21);
        txtDepartment.setBounds(150, 140, 180, 21);
        txtPosition.setBounds(150, 170, 180, 21);
        txtTel.setBounds(150, 200, 180, 21);
        txtAddress.setBounds(150, 230, 180, 21);
        //将文本框内容设置为不可编辑状态
        txtSId.setEditable(false);
        txtSName.setEditable(false);
        txtSex.setEditable(false);
        txtBirthday.setEditable(false);
        txtDepartment.setEditable(false);
        txtPosition.setEditable(false);
        txtAddress.setEditable(false);
        txtTel.setEditable(false);
        this.setSize(420, 350);
        this.setLocationRelativeTo(null);
        setResizable(false);
    }
}
```

(11) 在 entity 包中定义实体类 Teacher 类。

```java
public class Teacher {
private String teacherId;
private String teacherName;
private String teacherSex;
private Date teacherBirthday;
private String departmentId;
private String position;
private String teacherTel;
private String teacherAddress;
public String getTeacherId() {
    return teacherId;
  }
  public void setTeacherId(String teacherId) {
    this.teacherId = teacherId;
  }
```

```java
    public String getTeacherName() {
        return teacherName;
    }
    public void setTeacherName(String teacherName) {
        this.teacherName = teacherName;
    }
    public String getTeacherSex() {
        return teacherSex;
    }
    public void setTeacherSex(String teacherSex) {
        this.teacherSex = teacherSex;
    }
    public Date getTeacherBirthday() {
        return teacherBirthday;
    }
    public void setTeacherBirthday(Date teacherBirthday) {
        this.teacherBirthday = teacherBirthday;
    }
    public String getDepartmentId() {
        return departmentId;
    }
    public void setDepartmentId(String departmentId) {
        this.departmentId = departmentId;
    }
    public String getPosition() {
        return position;
    }
    public void setPosition(String position) {
        this.position = position;
    }
    public String getTeacherTel() {
        return teacherTel;
    }
    public void setTeacherTel(String teacherTel) {
        this.teacherTel = teacherTel;
    }
    public String getTeacherAddress() {
        return teacherAddress;
    }
    public void setTeacherAddress(String teacherAddress) {
        this.teacherAddress = teacherAddress;
    }
    public Teacher(String teacherId, String teacherName, String teacherSex, Date
            teacherBirthday, String departmentId, String position, String teacherTel,
            String teacherAddress) {
        super();
        this.teacherId = teacherId;
        this.teacherName = teacherName;
        this.teacherSex = teacherSex;
        this.teacherBirthday = teacherBirthday;
        this.departmentId = departmentId;
        this.position = position;
        this.teacherTel = teacherTel;
        this.teacherAddress = teacherAddress;
```

```
    }
    public Teacher() {
    }
}
```

(12) 在 dao 包中定义访问 teacher 表的类 TeacherDao，在该类中定义方法 selectByTId()，实现通过教师编号得到教师信息的功能。

```java
public class TeacherDao {
    //通过教师编号得到教师的信息
    public Teacher selectByTId(String tId){
        Teacher teacher = null;
        Connection con = null;
        PreparedStatement pstmt = null;
        ResultSet rs = null;
        DBUtil dbUtil = new DBUtil();
        try{
            con = dbUtil.getConnection();
            pstmt = con.prepareStatement("select * from teacher where teacher_id = ?");
            pstmt.setString(1, tId);
            rs = pstmt.executeQuery();
            if(rs.next())
                teacher = new Teacher(rs.getString(1),rs.getString(2),rs.getString(3),rs.getDate(4),
                        rs.getString(5),rs.getString(6),rs.getString(7),rs.getString(8));
        }catch(Exception e){
            JOptionPane.showMessageDialog(null, "访问 teacher 表失败!");
        }finally{
            try{
                if(rs!= null)
                    rs.close();
                if(pstmt!= null)
                    pstmt.close();
                if(con!= null)
                    con.close();
            }catch( Exception e){
                e.printStackTrace( );
            }
        }
        return teacher;
    }
}
```

(13) 修改 DisplayTeacherSelfInfo 类，在构造方法中添加如下代码，获取教师的完整信息，并显示在相应的文本框中。

```java
TeacherDao td = new TeacherDao();
Teacher t = td.selectByTId(user.getUserId());
DepartmentDao dd = new DepartmentDao();
String departmentName = dd.selectByDepartmentId(t.getDepartmentId());
txtSId.setText(t.getTeacherId());
txtSName.setText(t.getTeacherName());
txtSex.setText(t.getTeacherSex());
txtPosition.setText(t.getPosition());
txtDepartment.setText(departmentName);
txtTel.setText(t.getTeacherTel());
txtAddress.setText(t.getTeacherAddress());
```

```
    Date d = t.getTeacherBirthday();
    txtBirthday.setText(String.valueOf(d));
```

(14) 修改 MainFrame 类的构造方法，添加如下代码，实现不同身份的用户“查看个人信息”菜单项的事件处理。

```
displaySelfInfo.addActionListener(new ActionListener(){
    public void actionPerformed(ActionEvent arg0) {
      if(user.getLevel().equals("学生")){
          DisplayStuSelfInfo d = new DisplayStuSelfInfo(user);
          d.setVisible(true);
      }else{
          DisplayTeacherSelfInfo t = new DisplayTeacherSelfInfo(user);
          t.setVisible(true);
      }
    }
});
```

四、“查询学生信息”菜单项功能实现

1. 实现思路

当教师或管理员单击“查询学生信息”菜单项时，首先应该调出如图 3-32 所示的“查询学生信息”窗口，在该窗口中默认显示所有学生的信息。当选择“按学号查询学生”单选按钮时，窗口变为如图 3-33 所示，在该窗口中输入学号并单击“查询”按钮时，会完成按学号查询的功能并将查询结果显示在窗口中；当选择“按班级查询学生”单选按钮时，窗口变为如图 3-34 所示，在该窗口中选择院系和班级并单击“查询”按钮时，会完成按班级查询的功能并将查询结果显示在窗口中；当选择“按院系查询学生”单选按钮时，窗口变为如图 3-35 所示，在该窗口中选择院系并单击“查询”按钮时，会完成按院系查询的功能并将查询结果显示在窗口中。

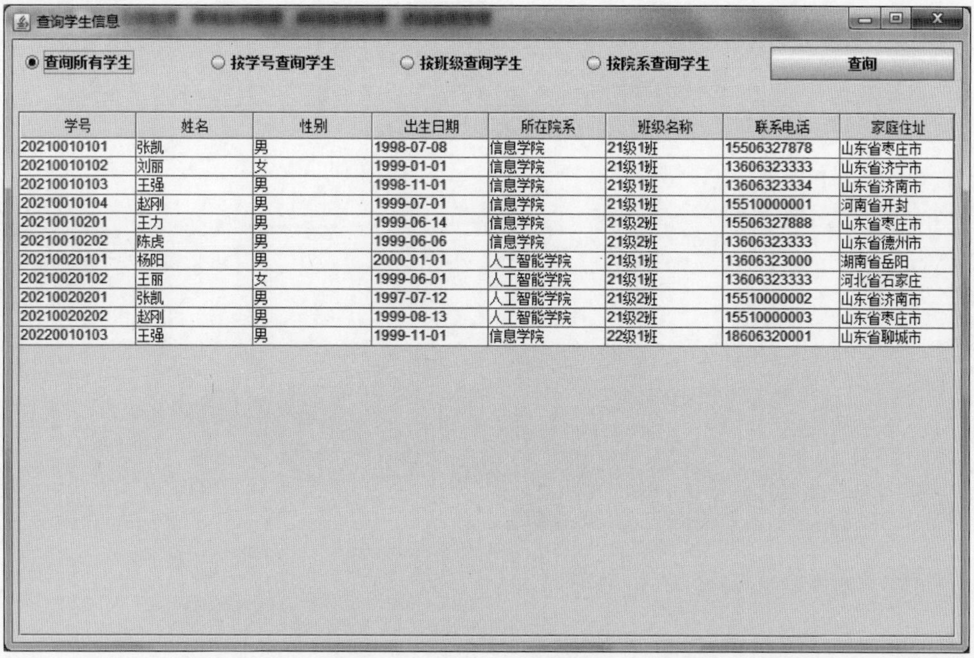

学号	姓名	性别	出生日期	所在院系	班级名称	联系电话	家庭住址
2021001010l	张凯	男	1998-07-08	信息学院	21级1班	15506327878	山东省枣庄市
20210010102	刘丽	女	1999-01-01	信息学院	21级1班	13606323333	山东省济宁市
20210010103	王强	男	1998-11-01	信息学院	21级1班	13606323334	山东省济南市
20210010104	赵刚	男	1999-07-01	信息学院	21级1班	15510000001	河南省开封
20210010201	王力	男	1999-06-14	信息学院	21级2班	15506327888	山东省枣庄市
20210010202	陈虎	男	1999-06-06	信息学院	21级2班	13606323333	山东省德州市
20210020101	杨阳	男	2000-01-01	人工智能学院	21级1班	13606323000	湖南省岳阳
20210020102	王丽	女	1999-06-01	人工智能学院	21级1班	13606323333	河北省石家庄
20210020201	张凯	男	1997-07-12	人工智能学院	21级2班	15510000002	山东省济南市
20210020202	赵刚	男	1999-08-13	人工智能学院	21级2班	15510000003	山东省枣庄市
20220010103	王强	男	1999-11-01	信息学院	22级1班	18606320001	山东省聊城市

图 3-32 “查询学生信息”窗口

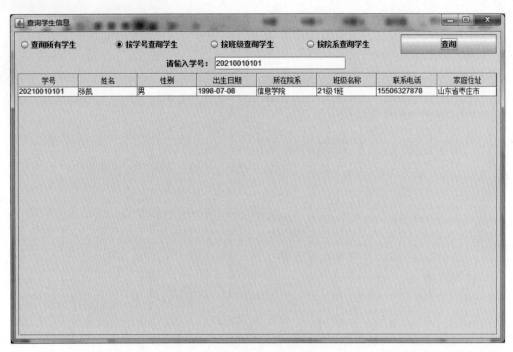

图 3-33　按学号查询学生信息

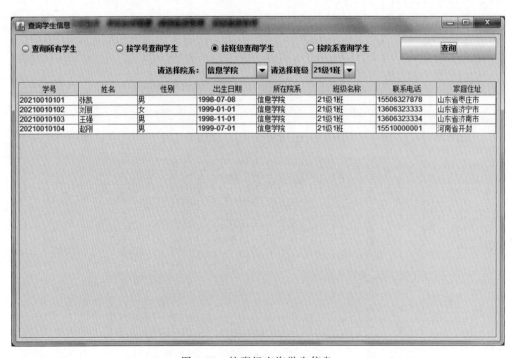

图 3-34　按班级查询学生信息

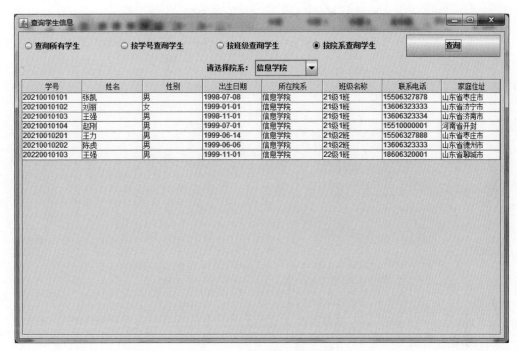

图 3-35 按院系查询学生信息

2. 代码实现

通过上述分析不难发现，要想完成上述查询功能需要访问 student 表、sclass 表以及 department 表。下面一一加以实现。

（1）实现查询所有学生信息的功能。

因为不需要查询条件，所以这里只需要修改 StudentDao 类，添加 getAllStudents() 方法，实现查询所有学生信息的功能即可。

代码如下：

```java
public ArrayList<Student> getAllStudents(){
    ArrayList<Student> students = new ArrayList<Student>();
    Connection con = null;
    PreparedStatement pstmt = null;
    ResultSet rs = null;
    //实例化数据库工具
    DBUtil dbUtil = new DBUtil();
    Student student = null;
    try{
        //打开数据库,获取连接对象
        con = dbUtil.getConnection();
        //创建 prepareStatement 对象
        pstmt = con.prepareStatement("select * from student");
        rs = pstmt.executeQuery();              //获取查询结果
        //将查询结果中的每一行封装成一个 student 对象,并添加到 students 集合中
        while(rs.next()){
            student = new Student(rs.getString(1),rs.getString(2),rs.getString(3),
                rs.getDate(4),rs.getString(5),rs.getString(6),rs.getString(7));
            students.add(student);
```

```
            }
        }catch(Exception e){
            JOptionPane.showMessageDialog(null, "访问 student 表失败!");
        }finally{
            try{
                if(rs!= null)
                    rs.close();
                if(pstmt!= null)
                    pstmt.close();
                if(con!= null)
                    con.close();
            }catch( Exception e){
                e.printStackTrace( );
            }
        }
        return students;
    }
```

（2）实现按学号查询学生信息的功能。

分析：这里先要获取学生编号，然后通过学号查询学生信息即可。前面已经在 StudentDao 类中定义过按学号查询学生信息的方法 selectBySId()，在此就不多做解释了。

（3）实现按班级查询学生信息的功能。

分析：在这里采用院系与班级联动的形式选择班级。

① 通过院系名称获取院系编号。

```
public String selectByDepartmentName(String departmentName){
    String departmetId = null;
    Connection con = null;
    PreparedStatement pstmt = null;
    ResultSet rs = null;
    DBUtil dbUtil = new DBUtil();
    try{
        con = dbUtil.getConnection();
        pstmt = con.prepareStatement("select * from department where department_name
                        = ?");
        pstmt.setString(1, departmentName);
        rs = pstmt.executeQuery();
        if(rs.next())
            departmetId = rs.getString(1);
    }catch(Exception e){
        JOptionPane.showMessageDialog(null, "访问 department 表失败");
    }finally{
        try{
            if(rs!= null)
                rs.close();
            if(pstmt!= null)
                pstmt.close();
            if(con!= null)
                con.close();
        }catch(Exception e){
            e.printStackTrace();
        }
    }
}
```

```
        return departmetId;
    }
```

② 实现通过班级的名称以及所在院系获得班级编号的功能。

```
public String selectByClassNameAndDepartment(String className,String department){
    String classId = null;
    Connection con = null;
    PreparedStatement pstmt = null;
    ResultSet rs = null;
    DepartmentDao dd = new DepartmentDao();
    String departmentId = dd.selectByDepartmentName(department);
    DBUtil dbUtil = new DBUtil();
    try{
        con = dbUtil.getConnection();
        pstmt = con.prepareStatement("select * from sclass where class_name = ? and department_id = ?");
        pstmt.setString(1, className);
        pstmt.setString(2, departmentId);
        rs = pstmt.executeQuery();
        if(rs.next())
            classId = rs.getString(1);
    }catch(Exception e){
        JOptionPane.showMessageDialog(null,"访问 sclass 表失败!");
    }finally{
        try{
            if(rs!= null)
                rs.close();
            if(pstmt!= null)
                pstmt.close();
            if(con!= null)
                con.close();
        }catch(Exception e){
            e.printStackTrace();
        }
    }
    return classId;
}
```

③ 修改 StudentDao 类，添加 getStudentsByClassId()方法，实现按照班级编号查询学生信息的功能。

```
public ArrayList<Student> getStudentsByClassId(String classId){
    ArrayList<Student> students = new ArrayList<Student>();
    Connection con = null;
    PreparedStatement pstmt = null;
    ResultSet rs = null;
    DBUtil dbUtil = new DBUtil();
    Student student = null;
    try{
        con = dbUtil.getConnection();
        pstmt = con.prepareStatement("select * from student where class_id = ?");
        pstmt.setString(1, classId);
        rs = pstmt.executeQuery();
        //将查询结果封装到 students 集合中
```

```java
        while(rs.next()){
            student = new Student(rs.getString(1),rs.getString(2),rs.getString(3),rs.getDate(4),
                    rs.getString(5),rs.getString(6),rs.getString(7));
            students.add(student);
        }
    }catch(Exception e){
        JOptionPane.showMessageDialog(null, "访问 student 表失败!");
    }finally{
        try{
            if(rs!= null)
                rs.close();
            if(pstmt!= null)
                pstmt.close();
            if(con!= null)
                con.close();
        }catch( Exception e){
            e.printStackTrace( );
        }
    }
    return students;
}
```

当选择按照班级查询学生信息时,需要在"院系"组合框和"班级"组合框中选择院系和班级名称。为了与数据库中的信息一致,这里应该先查询 department 表,获取所有的院系名称并添加到"院系"组合框中,然后当选择其中的一个院系时,再根据该院系的编号查询 sclass 表,获取该院系的所有班级名称并动态地添加到"班级"组合框中,实现院系和班级之间的联动效果。

(4) 实现院系和班级之间的联动效果。

① 修改 DepartmentDao 类,添加获取所有院系名称的方法 getAllDepartmentName()。

```java
public ArrayList<String> getAllDepartmentName(){
    ArrayList<String> allDepartmentNames = new ArrayList<String>();
    Connection con = null;
    PreparedStatement pstmt = null;
    ResultSet rs = null;
    DBUtil dbUtil = new DBUtil();
    try{
        con = dbUtil.getConnection();
        pstmt = con.prepareStatement("select department_name from department");
        rs = pstmt.executeQuery();
        while(rs.next())
            allDepartmentNames.add(rs.getString(1));
    }catch(Exception e){
        JOptionPane.showMessageDialog(null, "访问 department 表失败");
    }finally{
        try{
            if(rs!= null)
                rs.close();
            if(pstmt!= null)
                pstmt.close();
            if(con!= null)
                con.close();
```

```
            }catch(Exception e){
                e.printStackTrace();
            }
        }
        return allDepartmentNames;
    }
```

② 修改 SClassDao 类，添加根据院系编号得到该院系所有班级名称的方法 selectClassNamesByDepartmentId()。

```
public ArrayList<String> selectClassNamesByDepartmentId(String departmentId){
    ArrayList<String> classNames = new ArrayList<String>();
    Connection con = null;
    PreparedStatement pstmt = null;
    ResultSet rs = null;
    DBUtil dbUtil = new DBUtil();
    try{
        con = dbUtil.getConnection();
        pstmt = con.prepareStatement("select class_name from sclass where department_id = ?");
        pstmt.setString(1, departmentId);
        rs = pstmt.executeQuery();
        //将查询结果封装到 classNames 集合中
        while(rs.next()){
            classNames.add(rs.getString(1));
        }
    }catch(Exception e){
        JOptionPane.showMessageDialog(null, "访问 sclass 表失败");
    }finally{
        try{
            if(rs!= null)
                rs.close();
            if(pstmt!= null)
                pstmt.close();
            if(con!= null)
                con.close();
        }catch(Exception e){
            e.printStackTrace();
        }
    }
    return classNames;
}
```

③ 定义监听类，实现对"院系"组合框选项改变时的监听。

因为在以后的功能中还要用到院系和班级之间的联动，所以这里将监听类定义在 util 包中以供其他模块使用。

```
public class DepartmentAndClassLinked implements ItemListener{
    JComboBox cmbDepartment,cmbClass;
    //构造方法
    public DepartmentAndClassLinked(JComboBox cmbDepartment,JComboBox cmbClass){
        this.cmbDepartment = cmbDepartment;
        this.cmbClass = cmbClass;
    }
    public void itemStateChanged(ItemEvent e) {
```

```java
        DepartmentDao dd = new DepartmentDao();
        SClassDao sd = new SClassDao();
        String departmentId = null;
        String sclassId = null;
        //获取用户选中的院系名称
        String departmentName = (String)cmbDepartment.getSelectedItem();
        //查询 department 表,根据院系名称获取院系编号
        departmentId = dd.selectByDepartmentName(departmentName);
        //查询 sclass 表,根据院系编号获取该院系的所有班级名称
        ArrayList<String> allClassNames = sd.selectClassNamesByDepartmentId(departmentId);
        //清空"班级"组合框中的选项
        cmbClass.removeAllItems();
        //将查询到的班级名称添加到"班级"组合框中
        for (String className : allClassNames) {
            cmbClass.addItem(className);
        }
    }
}
```

（5）实现按院系查询的功能。

分析：该选项要求能够实现按照院系名称查询学生信息的功能。我们知道,student 表中没有院系名称,只有班级编号,而 sclass 表中有班级编号和院系编号,但是没有院系名称,department 表中有院系名称和院系编号。所以,要完成该功能,需要对 student、sclass、department 3 个数据表进行联合查询：首先要通过院系名称查询 department 表获取院系编号,然后通过院系编号查询 sclass 表获取该院系所有班级的编号,最后通过班级编号查询 student 表获取学生的信息。

上面已经在 DepartmentDao 类中定义过 selectByDepartmentName()方法,实现了通过院系名称获取院系编号的功能,下面接着实现通过院系编号查询 sclass 表获取该院系所有班级的编号的功能。

① 修改 SClassDao 类,添加 selectByDepartmentId()方法,实现根据院系编号得到该院系所有班级编号的集合的功能。

```java
//定义方法:根据院系编号得到该院系所有班级编号的集合的功能
public ArrayList<String> selectByDepartmentId(String departmentId){
    ArrayList<String> classIds = new ArrayList<String>();
    String classId = null;
    Connection con = null;
    PreparedStatement pstmt = null;
    ResultSet rs = null;
    DBUtil dbUtil = new DBUtil();
    try{
        con = dbUtil.getConnection();
        pstmt = con.prepareStatement("select * from sclass where department_id = ?");
        pstmt.setString(1, departmentId);
        rs = pstmt.executeQuery();
        //将查询结果封装到 classIds 集合中
        while(rs.next()){
            classId = rs.getString(1);
            classIds.add(classId);
        }
```

```
        }catch(Exception e){
            JOptionPane.showMessageDialog(null, "访问 sclass 表失败");
        }finally{
            try{
                if(rs!= null)
                    rs.close();
                if(pstmt!= null)
                    pstmt.close();
                if(con!= null)
                    con.close();
            }catch(Exception e){
                e.printStackTrace();
            }
        }
    return classIds;
}
```

② 修改 StudentDao 类,添加方法 getStudentsByDepartment(),实现按照院系名称查询学生信息的功能。

```
//按照院系名称查询学生信息的功能
 public ArrayList < Student > getStudentsByDepartment(String departmentName){
    ArrayList < Student > students = new ArrayList < Student >();
    SClassDao cd = new SClassDao();
    DepartmentDao dd = new DepartmentDao();
    //通过院系名称获取院系编号
    String departmentId = dd.selectByDepartmentName(departmentName);
    //通过院系编号获取该院系的所有班级编号
    ArrayList < String > classIds = cd.selectByDepartmentId(departmentId);
    //通过班级编号获取该院系的所有学生信息
    if(classIds!= null){
      for(String classId:classIds){
        ArrayList < Student > s = getStudentsByClassId(classId);
        students.addAll(s);
      }
    }
    return students;
 }
```

前期的功能模块实现后,下面开始创建显示查询到的学生信息的窗口,实现按不同的要求查询学生信息并显示到查询窗口中的功能。

(6) 定义显示查询学生信息的窗口。

代码如下:

```
public class SelectStudent extends JFrame {
    //定义所需的组件变量
    private JPanel jp1,jp11,jp12,jp2;
    //单选按钮
    private JRadioButton selectById,selectByClass,selectByDepartment,selectAll;
    //按钮组
    private ButtonGroup bg;
    private JLabel lblSId,lblClass,lblDepartment;
    private JTextField txtSId;
    //"班级""院系"组合框
```

```java
            private JComboBox cmbClassName,cmbDepartmentName;
            private DefaultTableModel model;              //表格模式
            private JTable table;                          //表格
            private JScrollPane sp;                        //滚动面板
            private JButton ok;
            ArrayList<Student> students = null;            //存放查询到的学生的集合
            StudentDao sd = new StudentDao();
            SClassDao cd = new SClassDao();
            DepartmentDao dd = new DepartmentDao();
            Object content[][] = null;
            String title[] = {"学号","姓名","性别","出生日期","所在院系","班级名称","联系电话",
                    "家庭住址"};
        //构造方法
        public SelectStudent(){
            setTitle("查询学生信息");
            jp1 = new JPanel();
            jp1.setLayout(new GridLayout(2,1));
            jp11 = new JPanel(new GridLayout(1,5));
            jp12 = new JPanel();
            jp2 = new JPanel();
            jp2.setBorder(new EmptyBorder(5,5,5,5));
            jp2.setLayout(new BorderLayout(0,0));
            bg = new ButtonGroup();
            selectAll = new JRadioButton("查询所有学生",true);
            selectById = new JRadioButton("按学号查询学生");
            selectByClass = new JRadioButton("按班级查询学生");
            selectByDepartment = new JRadioButton("按院系查询学生");
            bg.add(selectAll);
            bg.add(selectById);
            bg.add(selectByClass);
            bg.add(selectByDepartment);
            ok = new JButton("查询");
            jp11.add(selectAll);
            jp11.add(selectById);
            jp11.add(selectByClass);
            jp11.add(selectByDepartment);
            jp11.add(ok);
            jp1.add(jp11);
            lblSId = new JLabel("请输入学号:");
            txtSId = new JTextField(20);
            lblDepartment = new JLabel("请选择院系:");
            lblClass = new JLabel("请选择班级");
            //访问 department 表,获取所有院系名称
            DepartmentDao dd = new DepartmentDao();
            ArrayList<String> allDepartmentNames = dd.getAllDepartmentName();
            //创建"院系"组合框对象
            cmbDepartmentName = new JComboBox();
            //初始化"院系"组合框:将查询到的院系名称添加到"院系"组合框中
            for (String name : allDepartmentNames) {
                cmbDepartmentName.addItem(name);
            }
            //创建"班级"组合框对象
            cmbClassName = new JComboBox();
            //初始化"班级"组合框:根据"院系"组合框中的第一个院系名称查询 sclass 表,获取该院系的
```

```java
        //所有班级名称并添加到"班级"组合框中
        //获取用户选中的院系名称
        String departmentName = (String)cmbDepartmentName.getItemAt(0);
        //查询 department 表,根据院系名称获取院系编号
        String departmentId = dd.selectByDepartmentName(departmentName);
        //查询 sclass 表,根据院系编号获取该院系的所有班级名称
        ArrayList<String> allClassNames =
                    cd.selectClassNamesByDepartmentId(departmentId);
        //将查询到的班级名称添加到"班级"组合框中
        for (String className : allClassNames) {
            cmbClassName.addItem(className);
        }
        //为"院系"组合框添加事件处理
        cmbDepartmentName.addItemListener(new DepartmentAndClassLinked(
                    cmbDepartmentName,cmbClassName));
        jp12.add(lblSId);
        jp12.add(txtSId);
        jp12.add(lblDepartment);
        jp12.add(cmbDepartmentName);
        jp12.add(lblClass);
        jp12.add(cmbClassName);
        jp1.add(jp12);
        //窗口初始化时默认以下控件不显示
        lblSId.setVisible(false);
        txtSId.setVisible(false);
        lblClass.setVisible(false);
        cmbClassName.setVisible(false);
        lblDepartment.setVisible(false);
        cmbDepartmentName.setVisible(false);
        //创建表格的默认模式对象
        model = new DefaultTableModel();
        //利用模式创建表格
        //创建表格的默认模式对象
        model = new DefaultTableModel();
        //利用模式创建表格
        table = new JTable(model);
        //设置表格选择模式为单一选择
        table.setSelectionMode(ListSelectionModel.SINGLE_SELECTION);
        students = sd.getAllStudents();          //查询 student 表,获取所有学生的信息
        setTableContent(students);               //将所有的学生信息在表格中显示出来
        sp = new JScrollPane(table);             //将表格放到滚动面板中
        jp2.add(sp, BorderLayout.CENTER);
        jp2.add(jp1, BorderLayout.NORTH);
        this.add(jp2);
        this.setSize(850,550);
        this.setLocationRelativeTo(null);
    }
    //自定义方法:将相应的学生信息在表格中显示出来
    public void setTableContent(List<Student> student){
        int rows = students.size();
        content = new Object[rows][8];
        int i = 0;
        for(Student s:students){
            content[i][0] = s.getStudentId();
```

```java
            content[i][1] = s.getStudentName();
            content[i][2] = s.getStudentSex();
            content[i][3] = s.getStudentBirthday();
            SClass c = cd.selectByClassId(s.getClassId());
            String d = dd.selectByDepartmentId(c.getDepartmentId());
            content[i][4] = d;
            content[i][5] = c.getClassName();
            content[i][6] = s.getStudentTel();
            content[i][7] = s.getStudentAddress();
            i++;
        }
        model.setDataVector(content, title);
    }
}
```

（7）查询学生信息窗口中的单选按钮事件处理。

接下来修改 SelectStudent 窗口类的构造方法，实现对各个单选按钮进行事件处理的功能。

① "查询所有学生"单选按钮的事件处理。

当选中该按钮时，lblSId、txtSId、lblDepartment、department、lblClass、className 控件都不显示。

代码如下：

```java
selectAll.addActionListener(new ActionListener() {
    public void actionPerformed(ActionEvent e) {
        lblSId.setVisible(false);
        txtSId.setVisible(false);
        lblDepartment.setVisible(false);
        cmbDepartmentName.setVisible(false);
        lblClass.setVisible(false);
        cmbClassName.setVisible(false);
    }
});
```

② "按学号查询学生"单选按钮的事件处理。

当选中该按钮时，lblSId、txtSId 显示，而 lblDepartment、department、lblClass、className 控件都不显示。同时"学号"文本框(txtSId)获得焦点。

```java
selectById.addActionListener(new ActionListener() {
    public void actionPerformed(ActionEvent e) {
        //TODO Auto-generated method stub
        lblSId.setVisible(true);
        txtSId.setVisible(true);
        lblDepartment.setVisible(false);
        cmbDepartmentName.setVisible(false);
        lblClass.setVisible(false);
        cmbClassName.setVisible(false);
        txtSId.requestFocus();              //"学号"文本框获得焦点
    }
});
```

③ "按班级查询学生"单选按钮的事件处理。

当选中该按钮时，lblSId、txtSId 不显示，而 lblDepartment、department、lblClass、 className 显示。

```
selectByClass.addActionListener(new ActionListener() {
    public void actionPerformed(ActionEvent e) {
        //TODO Auto-generated method stub
        lblSId.setVisible(false);
        txtSId.setVisible(false);
        lblDepartment.setVisible(true);
        cmbDepartmentName.setVisible(true);
        lblClass.setVisible(true);
        cmbClassName.setVisible(true);
    }
});
```

④ "按院系查询学生"单选按钮的事件处理。

当选中该按钮时，lblDepartment、department 显示，而 lblSId、txtSId、lblClass、className 控件都不显示。

```
selectByDepartment.addActionListener(new ActionListener() {
    public void actionPerformed(ActionEvent e) {
        // TODO Auto-generated method stub
        lblDepartment.setVisible(true);
        cmbDepartmentName.setVisible(true);
        lblSId.setVisible(false);
        txtSId.setVisible(false);
        lblClass.setVisible(false);
        cmbClassName.setVisible(false);
    }
});
```

(8) "查询"按钮的事件处理。

在 SelectStudent 类的构造方法中添加如下代码，完成"查询"按钮的事件处理。当单击"查询"按钮后，程序首先要判断哪个单选按钮被选中，然后根据选项调用相应的查询方法完成查询并将查询结果显示在表格中。

代码如下：

```
ok.addActionListener(new ActionListener() {
    public void actionPerformed(ActionEvent e) {
        //根据选中的单选按钮调用相应的查询方法查询出各自范围内的学生信息
        if(selectAll.isSelected()){
            students = sd.getAllStudents();
        }else if(selectById.isSelected()){
            Student s = sd.selectBySId(txtSId.getText());
            students.clear();
            if(s!= null){
                students.add(s);
            }
        }else if(selectByClass.isSelected()){
            String strDep = (String)department.getSelectedItem();
            String strClass = (String)className.getSelectedItem();
            String classId = cd.selectByClassNameAndDepartment(strClass,strDep);
            students = sd.getStudentsByClassId(classId);
        }else if(selectByDepartment.isSelected()){
```

```
            students = sd.getStudentsByDepartment((String)department.getSelectedItem());
        }
        //调用自定义方法 setTableContent(),将相应的学生信息在表格中显示出来
        setTableContent(students);
    }
});
```

修改 MainFrame 窗口,在构造方法中添加如下代码,实现菜单项"查询学生信息"的事件处理。

```
selectStudent.addActionListener(new ActionListener() {
    public void actionPerformed(ActionEvent e) {
        SelectStudent f = new SelectStudent();
        f.setVisible(true);
    }
});
```

五、"添加学生信息"菜单项功能实现

1. 实现思路

在添加学生信息时,提供了两种添加方式:一种是单个添加;另一种是批量添加。

当选择"单个添加学生信息"菜单项时,首先应该调出如图 3-36 所示的窗口,在该窗口中输入要添加学生的信息,然后单击"添加"按钮,实现添加一个学生信息的功能。

当选择"批量添加学生信息"菜单项时,首先应该调出如图 3-37 所示的"打开"对话框,然后在该对话框中选择一个包含多个学生信息的 Excel 文件(扩展名为.xls),接着单击"打开"按钮,就可以实现批量添加学生信息的功能。

图 3-36 单个添加学生信息

2. 代码实现

下面先来实现"单个添加学生信息"菜单项的功能。

(1)"单个添加学生信息"菜单项的功能实现。

当在如图 3-36 所示的窗口中输入要添加学生的信息,然后单击"添加"按钮时,程序首先按照学号查询 student 表,如果该学号存在,则弹出如图 3-38 所示的提示对话框,提示"该

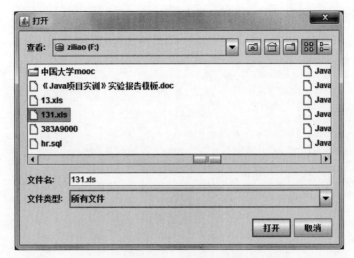

图 3-37　从 Excel 表中批量添加学生信息

学生已经存在,请重新输入学号";如果 student 表中没有该学生,则向 student 表中添加一条新记录,如果添加成功,则弹出如图 3-39 所示的消息对话框,表示添加成功。

当单击"取消"按钮时,清空文本框中的内容,单选按钮初始化为"男",出生日期初始化为"1990-01-01"。

图 3-38　学生已经存在的消息对话框

图 3-39　添加学生成功的消息对话框

首先创建如图 3-36 所示的窗口。

① 定义添加单个学生信息的窗口。

```java
public class InsertStudent extends JFrame{
    //定义组件
    private JPanel jp;
    private JLabel lblSId,lblSName,lblSex,lblDepartment,lblClass,lblBirthday,lblYear,
        lblMonth,lblDay,lblTel,lblAddress;
    private JTextField txtSId,txtSName,txtTel,txtAddress;
    private ButtonGroup bg;
    private JRadioButton male,female;
    private JComboBox cmbDepartmentName,cmbClassName,year,day,month;
    private JButton btnAdd,cancel;
    //定义构造方法:初始化窗口
    public InsertStudent(){
        super("添加学生信息");
        //创建各个组件
        jp = new JPanel(null);
        lblSId = new JLabel("学号:");
        lblSName = new JLabel("姓名:");
        lblSex = new JLabel("性别:");
```

```java
lblBirthday = new JLabel("出生日期:");
lblYear = new JLabel("年");
lblMonth = new JLabel("月");
lblDay = new JLabel("日");
lblDepartment = new JLabel("院系:");
lblClass = new JLabel("班级:");
lblTel = new JLabel("联系电话:");
lblAddress = new JLabel("家庭住址:");
txtSId = new JTextField(10);
txtSName = new JTextField(10);
bg = new ButtonGroup();
male = new JRadioButton("男",true);
female = new JRadioButton("女");
bg.add(male);
bg.add(female);
String s1[] = {"1990","1991","1992","1993","1994","1995","1996","1997","1998",
        "1999","2000","2001","2002","2003","2004","2005","2006","2007"};
year = new JComboBox(s1);
String s2[] = {"01","02","03","04","05","06","07","08","09","10","11","12"};
month = new JComboBox(s2);
String s3[] = {"01","02","03","04","05","06","07","08","09","10","11","12","13",
        "14","15","16","17","18","19","20","21","22","23","24","25","26","27",
        "28","29","30","31"};
day = new JComboBox(s3);
//访问 department 表,获取所有院系名称
DepartmentDao dd = new DepartmentDao();
ArrayList<String> allDepartmentNames = dd.getAllDepartmentName();
//创建"院系"组合框对象
cmbDepartmentName = new JComboBox();
//初始化"院系"组合框:将查询到的院系名称添加到"院系"组合框中
for (String name : allDepartmentNames) {
    cmbDepartmentName.addItem(name);
}
//创建"班级"组合框对象
cmbClassName = new JComboBox();
//初始化"班级"组合框:根据"院系"组合框中的第一个院系名称查询 sclass 表,获取该院系的所有
//班级名称并添加到"班级"组合框中
//获取用户选中的院系名称
String departmentName = (String)cmbDepartmentName.getItemAt(0);
//查询 department 表,根据院系名称获取院系编号
String departmentId = dd.selectByDepartmentName(departmentName);
//查询 sclass 表,根据院系编号获取该院系的所有班级名称
SClassDao cd = new SClassDao();
ArrayList<String> allClassNames = cd.selectClassNamesByDepartmentId(departmentId);
//将查询到的班级名称添加到"班级"组合框中
for (String className : allClassNames) {
    cmbClassName.addItem(className);
}
//为"院系"组合框添加事件处理,实现院系和班级联动的动态效果
cmbDepartmentName.addItemListener(new DepartmentAndClassLinked(cmbDepartmentName,
cmbClassName));
txtTel = new JTextField(12);
txtAddress = new JTextField(20);
btnAdd = new JButton("添加");
```

```java
        cancel = new JButton("取消");
//将中间面板添加到窗口中,将各个组件添加到面板中
        this.add(jp);
        jp.add(lblSId);
        jp.add(txtSId);
        jp.add(lblSName);
        jp.add(txtSName);
        jp.add(lblSex);
        jp.add(male);
        jp.add(female);
        jp.add(lblBirthday);
        jp.add(year);
        jp.add(lblYear);
        jp.add(month);
        jp.add(lblMonth);
        jp.add(day);
        jp.add(lblDay);
        jp.add(lblDepartment);
        jp.add(cmbDepartmentName);
        jp.add(lblClass);
        jp.add(cmbClassName);
        jp.add(lblTel);
        jp.add(txtTel);
        jp.add(lblAddress);
        jp.add(txtAddress);
        jp.add(btnAdd);
        jp.add(cancel);
//设置各个组件的位置和大小
        lblSId.setBounds(50, 20, 100, 15);
        lblSName.setBounds(50, 50, 100, 15);
        lblSex.setBounds(50, 80, 100, 15);
        lblBirthday.setBounds(50, 110, 100, 15);
        lblDepartment.setBounds(50, 140, 100, 15);
        lblClass.setBounds(50, 170, 100, 15);
        lblTel.setBounds(50, 200, 100, 15);
        lblAddress.setBounds(50, 230, 100, 15);
        txtSId.setBounds(150, 20, 210, 21);
        txtSName.setBounds(150, 50, 210, 21);
        male.setBounds(180, 80, 90, 21);
        female.setBounds(270, 80, 90, 21);
        year.setBounds(150, 110, 60, 21);
        lblYear.setBounds(210, 110, 30, 21);
        month.setBounds(240, 110, 40, 21);
        lblMonth.setBounds(280, 110, 30, 21);
        day.setBounds(310, 110, 40, 21);
        lblDay.setBounds(350, 110, 30, 21);
        cmbDepartmentName.setBounds(150, 140, 210, 21);
        cmbClassName.setBounds(150, 170, 210, 21);
        txtTel.setBounds(150, 200, 210, 21);
        txtAddress.setBounds(150, 230, 210, 21);
        btnAdd.setBounds(100, 270, 100, 21);
        cancel.setBounds(230, 270, 100, 21);
//将光标置于"学号"文本框
        txtSId.requestFocus();
```

```
        this.setSize(420, 350);
        this.setLocationRelativeTo(null);              //Frame 居中
        this.setResizable(false);                      //禁止改变框架大小
    }}
```

接下来,实现该窗口中的"添加"按钮的事件处理:访问 student 表,完成学生信息的添加。

② 修改 StudentDao 类,添加 insertStudent()方法,实现添加新学生信息的功能。

由于添加学生信息时有两种方式:单个添加和批量添加,为了使该方法具有通用性,因此规定了该方法的参数为集合类型,返回为 int 类型,表示添加成功的个数。

代码如下:

```
public int insertStudent(ArrayList < Student > stus){
    int count = 0;
    Connection con = null;
    PreparedStatement pstmt = null;
    DBUtil dbUtil = new DBUtil();
    try{
        con = dbUtil.getConnection();
        pstmt = con.prepareStatement("insert into student values(?,?,?,?,?,?,?)");
        for (Student s:stus) {
          if(selectBySId(s.getStudentId())!= null) continue;
            pstmt.setString(1, s.getStudentId());
            pstmt.setString(2, s.getStudentName());
            pstmt.setString(3, s.getStudentSex());
            pstmt.setDate(4, s.getStudentBirthday());
            pstmt.setString(5, s.getClassId());
            pstmt.setString(6, s.getStudentTel());
            pstmt.setString(7, s.getStudentAddress());
            int n = pstmt.executeUpdate();
            if(n == 1){
              count++;
             }
        }
    }catch(Exception e){
        e.printStackTrace();
        JOptionPane.showMessageDialog(null, "向 student 表中添加信息失败!");
    }finally{
        try{
            if(pstmt!= null)
                pstmt.close();
            if(con!= null)
                con.close();
        }catch( Exception e){
            e.printStackTrace( );
        }
    }
    return count;
}
```

③ 修改 InsertStudent 类的构造方法,实现"添加"按钮的事件处理。

```
btnAdd.addActionListener(new ActionListener(){
    public void actionPerformed(ActionEvent e) {
        //获取输入的学号、姓名、家庭住址,进行非空判断
```

```java
            String sId = txtSId.getText();
            String sName = txtSName.getText();
            String sAddress = txtAddress.getText();
            if("".equals(sId)||"".equals(sName)||"".equals(sAddress)){
                JOptionPane.showMessageDialog(InsertStudent.this.btnAdd, "学号、姓名、家庭住址不允许为空!");
            }else{
                //String sId1 = txtSId.getText();
                StudentDao sd = new StudentDao();
                Student student = sd.selectBySId(sId);
                if(student!= null){
                    JOptionPane.showMessageDialog(InsertStudent.this.btnAdd, "该学生已存在,请重新输入学号.");
                }else{
                    student = new Student();
                    student.setStudentId(sId);
                    student.setStudentName(txtSName.getText());
                    student.setStudentAddress(txtAddress.getText());
                    student.setStudentTel(txtTel.getText());
                    if(male.isSelected())
                        student.setStudentSex("男");
                    else
                        student.setStudentSex("女");
                    String strYear = (String)year.getSelectedItem();
                    String strMonth = (String)month.getSelectedItem();
                    String strDay = (String)day.getSelectedItem();
                    Date birthday = Date.valueOf(strYear + " - " + strMonth + " - " + strDay);
                    student.setStudentBirthday(birthday);
                    //给 student 对象的班级编号属性赋值
                    SClassDao cd = new SClassDao();
                    String strClass = (String)cmbClassName.getSelectedItem();
                    String strDep = (String)cmbDepartmentName.getSelectedItem();
                    String classId = cd.selectByClassNameAndDepartment(strClass, strDep);
                    student.setClassId(classId);
                    ArrayList < Student > stus = new ArrayList < Student >();
                    stus.add(student);
                    int n = sd.insertStudent(stus);
                    if(n == 1)
                     JOptionPane.showMessageDialog(InsertStudent.this.btnAdd, "添加学生成功!");
                    else
                     JOptionPane.showMessageDialog(InsertStudent.this.btnAdd, "添加学生失败!");
                }
            }
        }
    });
```

④ 修改 InsertStudent 类的构造方法,添加"取消"按钮的事件处理。

```java
cancel.addActionListener(new ActionListener() {
    public void actionPerformed(ActionEvent e) {
        txtSId.setText("");
        txtSName.setText("");
        txtAddress.setText("");
        txtTel.setText("");
        male.setSelected(true);
```

```
            year.setSelectedIndex(0);
            month.setSelectedIndex(0);
            day.setSelectedIndex(0);
            txtSId.requestFocus();
        }
    });
```

接着，修改 MainFrame 类，在其构造方法中添加如下代码，实现单击菜单项"添加单个学生信息"的事件处理。

```
insertOneStudent.addActionListener(new ActionListener(){
    public void actionPerformed(ActionEvent e) {
        InsertStudent f = new InsertStudent();
        f.setVisible(true);
    }
}
```

（2）"批量添加学生信息"菜单项的实现。

代码如下：

```
insertMoreStudent.addActionListener(new ActionListener(){
    public void actionPerformed(ActionEvent e) {
        ArrayList<Student> allStu = new ArrayList<Student>();
        //创建"文件"对话框对象
        JFileChooser jfc = new JFileChooser();
        //设置"文件"对话框的默认路径为 C 盘根目录
        jfc.setCurrentDirectory(new File("C:\\"));
        //显示文件"打开"对话框，并返回一个整数值
        int val = jfc.showOpenDialog(MainFrame.this);
        //如果单击"文件"对话框中的"打开"按钮,则打开选中的 Excel 文件,并将文件中
        //的内容添加到数据表中
        if(val == JFileChooser.APPROVE_OPTION){
            //获得文件路径和文件名并创建对应的文件对象
            String fileName = jfc.getSelectedFile().getName();
            File f = new File( jfc.getCurrentDirectory().toString() +
                        jfc.getSelectedFile().getName());
            if(fileName == null||!(fileName.endsWith(".xls"))){
                JOptionPane.showMessageDialog(jfc, "请选择一个.xls 文件");
            }else{
                //读取 Excel 文件流
                InputStream is = null;
                try {
                    is = new FileInputStream(f.getAbsolutePath());
                } catch (FileNotFoundException e1) {
                    e1.printStackTrace();
                }
                //使用 jxl 包中的 Workbook 类、Sheet 类获取 Excel 文件中的数据并保存到集合中
                Workbook rwb = null;
                try {
                    rwb = Workbook.getWorkbook(is);
                    //获取当前 Excel 文件中共有几个表,然后对每个表分别进行处理
                    Sheet[] sheets = rwb.getSheets();
                    for (int n = 0; n < sheets.length; n++) {
                        Sheet sheet = sheets[n];
                        //有多少行
                        int rows = sheet.getRows();
```

```java
        //行循环:处理每行的数据.第0行是表头,不需要处理
        for (int i = 1; i < rows; i++) {
            //将当前行中的数据封装为一个Student对象
            String studentId = sheet.getCell(0, i).getContents();
            String studentName = sheet.getCell(1, i).getContents();
            String studentSex = sheet.getCell(2, i).getContents();
            String classId = sheet.getCell(4, i).getContents();
            String studentTel = sheet.getCell(5, i).getContents();
            String studentAddress = sheet.getCell(6, i).getContents();
            Student s = new Student(studentId, studentName, studentSex, new
                Date(1994, 11, 14), classId, studentTel, studentAddress);
            //将student对象添加到集合allStu中
            allStu.add(s);
        }
    }
    //访问数据库,将上述allStu集合中的学生信息添加到student表中
    StudentDao sd = new StudentDao();
    int count = sd.insertStudent(allStu);
    JOptionPane.showMessageDialog(null, "成功添加了" + count + "个学生信息");
} catch (BiffException e1) {
    // TODO Auto-generated catch block
    e1.printStackTrace();
} catch (IOException e1) {
    // TODO Auto-generated catch block
    e1.printStackTrace();
}   }         }        }     });
```

六、"修改学生信息"菜单项功能实现

1. 实现思路

当单击"修改学生信息"菜单项时,首先应该调出如图3-40所示的窗口,当在该窗口中输入学号并按Enter键后,触发学号文本框的ActionEvent事件,如果该学号不存在,则弹出如图3-41所示的消息提示对话框,提示该学号不存在,要求重新输入学号;如果该学号存在,则获取该学生的信息并显示到图3-40的相应位置。这时,用户可以按照需求修改该生的相关信息。修改完毕后单击"修改"按钮,如果修改成功则弹出如图3-42所示的消息提示对话框,否则弹出如图3-43所示的消息提示对话框。当单击"取消"按钮时,清空文本框中的内容,单选按钮初始化为"男",出生日期初始化为"1990-01-01"。

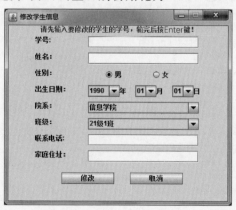

图3-40 "修改学生信息"窗口

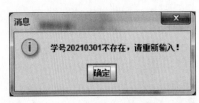

图 3-41 学生不存在消息提示对话框　　　图 3-42 修改成功消息提示对话框

图 3-43 修改失败消息提示对话框

2. 代码实现

（1）定义修改学生信息的窗口类 ModifyStudent。

该窗口的代码与 InsertStudent 类相似。

```java
public class ModifyStudent extends JFrame{
    private JPanel jp;
    private JLabel lblSId,lblSName,lblSex,lblDepartment,lblClass,lblBirthday,lblYear,
             lblMonth,lblDay,lblTel,lblAddress;
    private JTextField txtSId,txtSName,txtTel,txtAddress;
    private ButtonGroup bg;
    private JRadioButton male,female;
    private JComboBox cmbDepartmentName,cmbClassName,year,month,day;
    private JButton btnAdd,cancel;
    private JLabel alert;
    public ModifyStudent(){
        super("修改学生信息");
        jp = new JPanel(null);
        alert = new JLabel("请先输入要修改的学生的学号,输完后按 Enter 键!");
        alert.setForeground(Color.red);
        lblSId = new JLabel("学号:");
        lblSName = new JLabel("姓名:");
        lblSex = new JLabel("性别:");
        lblBirthday = new JLabel("出生日期:");
        lblYear = new JLabel("年");
        lblMonth = new JLabel("月");
        lblDay = new JLabel("日");
        lblDepartment = new JLabel("院系:");
        lblClass = new JLabel("班级:");
        lblTel = new JLabel("联系电话:");
        lblAddress = new JLabel("家庭住址:");
        txtSId = new JTextField(10);
        txtSName = new JTextField(10);
        bg = new ButtonGroup();
        male = new JRadioButton("男",true);
        female = new JRadioButton("女");
        bg.add(male);
        bg.add(female);
```

```java
        String s1[] = {"1990","1991","1992","1993","1994","1995","1996","1997","1998",
                "1999","2000","2001","2002","2003","2004","2005","2006","2007"};
        year = new JComboBox(s1);
        String s2[] = {"01","02","03","04","05","06","07","08","09","10","11","12"};
        month = new JComboBox(s2);
        String s3[] = {"01","02","03","04","05","06","07","08","09","10","11","12",
                "13","14","15","16","17","18","19","20","21","22","23","24","25","26",
                "27","28","29","30","31"};
        day = new JComboBox(s3);
        //访问 department 表,获取所有院系名称
        DepartmentDao dd = new DepartmentDao();
        ArrayList<String> allDepartmentNames = dd.getAllDepartmentName();
        //创建"院系"组合框对象
        cmbDepartmentName = new JComboBox();
        //初始化"院系"组合框:将查询到的院系名称添加到"院系"组合框中
        for (String name : allDepartmentNames) {
            cmbDepartmentName.addItem(name);
        }
        //创建"班级"组合框对象
        cmbClassName = new JComboBox();
        //初始化"班级"组合框:根据"院系"组合框中的第一个院系名称查询 sclass 表,获取该院系的
        //所有班级名称并添加到"班级"组合框中
        //获取用户选中的院系名称
        String departmentName = (String)cmbDepartmentName.getItemAt(0);
        //查询 department 表,根据院系名称获取院系编号
        String departmentId = dd.selectByDepartmentName(departmentName);
        //查询 sclass 表,根据院系编号获取该院系的所有班级名称
        SClassDao cd = new SClassDao();
        ArrayList<String> allClassNames = cd.selectClassNamesByDepartmentId(departmentId);
        //将查询到的班级名称添加到"班级"组合框中
        for (String className : allClassNames) {
            cmbClassName.addItem(className);
        }
        //为"院系"组合框添加事件处理,实现院系和班级联动的动态效果
        cmbDepartmentName.addItemListener(new DepartmentAndClassLinked(cmbDepartmentName,
cmbClassName));
        txtTel = new JTextField(12);
        txtAddress = new JTextField(20);
        btnAdd = new JButton("修改");
        cancel = new JButton("取消");
        this.add(jp);
        jp.add(alert);
        jp.add(lblSId);
        jp.add(txtSId);
        jp.add(lblSName);
        jp.add(txtSName);
        jp.add(lblSex);
        jp.add(male);
        jp.add(female);
        jp.add(lblBirthday);
        jp.add(year);
        jp.add(lblYear);
        jp.add(month);
        jp.add(lblMonth);
```

```java
        jp.add(day);
        jp.add(lblDay);
        jp.add(lblDepartment);
        jp.add(cmbDepartmentName);
        jp.add(lblClass);
        jp.add(cmbClassName);
        jp.add(lblTel);
        jp.add(txtTel);
        jp.add(lblAddress);
        jp.add(txtAddress);
        jp.add(btnAdd);
        jp.add(cancel);
        alert.setBounds(60, 0, 300, 15);
        lblSId.setBounds(50, 20, 100, 15);
        lblSName.setBounds(50, 50, 100, 15);
        lblSex.setBounds(50, 80, 100, 15);
        lblBirthday.setBounds(50, 110, 100, 15);
        lblDepartment.setBounds(50, 140, 100, 15);
        lblClass.setBounds(50, 170, 100, 15);
        lblTel.setBounds(50, 200, 100, 15);
        lblAddress.setBounds(50, 230, 100, 15);
        txtSId.setBounds(150, 20, 210, 21);
        txtSName.setBounds(150, 50, 210, 21);
        male.setBounds(180, 80, 90, 21);
        female.setBounds(270, 80, 90, 21);
        year.setBounds(150, 110, 60, 21);
        lblYear.setBounds(210, 110, 30, 21);
        month.setBounds(240, 110, 40, 21);
        lblMonth.setBounds(280, 110, 30, 21);
        day.setBounds(310, 110, 40, 21);
        lblDay.setBounds(350, 110, 30, 21);
        cmbDepartmentName.setBounds(150, 140, 210, 21);
        cmbClassName.setBounds(150, 170, 210, 21);
        txtTel.setBounds(150, 200, 210, 21);
        txtAddress.setBounds(150, 230, 210, 21);
        btnAdd.setBounds(100, 270, 100, 21);
        cancel.setBounds(230, 270, 100, 21);
        txtSId.requestFocus();                //将光标置于学号文本框
        this.setSize(420,350);
        setLocationRelativeTo(null);          //居中
        setResizable(false);
    }
}
```

(2) 实现"输入学号后按 Enter 键"的事件处理。

```java
txtSId.addActionListener(new ActionListener() {
  public void actionPerformed(ActionEvent e) {
     String sId = txtSId.getText();
     if(sId.equals("")){
        JOptionPane.showMessageDialog(ModifyStudent.this.btnModify, "学号不能为空!");
        txtSId.requestFocus();
     }else{
        StudentDao sd = new StudentDao();
        Student student = sd.selectBySId(sId);
```

```
            if(student == null){
                JOptionPane.showMessageDialog(ModifyStudent.this.btnModify, "学号:" + sId + "不存
在,请重新输入!");
                txtSId.setText("");
                txtSId.requestFocus();
            }
            else{
                //获取 student 表中当前学生的姓名、电话、家庭住址并显示到相应文本框中
                txtSName.setText(student.getStudentName());
                txtTel.setText(student.getStudentTel());
                txtAddress.setText(student.getStudentAddress());
                //获取 student 表中当前学生的性别信息,利用单选按钮显示
                if("男".equals(student.getStudentSex()))
                    male.setSelected(true);
                else
                    female.setSelected(true);
                //获取 student 表中当前学生的出生日期,然后分解成年、月、日显示到相应的组合框中
                Date birthday = student.getStudentBirthday();
                String strbirth = birthday.toString();
                String y = strbirth.substring(0,4);
                String m = strbirth.substring(5,7);
                String d = strbirth.substring(8,10);
                year.setSelectedItem(y);
                month.setSelectedItem(m);
                day.setSelectedItem(d);
                //利用当前学生的班级编号获取班级名称和所在院系并显示到相应文本框中
                SClassDao cd = new SClassDao();
                SClass c = cd.selectByClassId(student.getClassId());
                if(c!= null){
                    DepartmentDao dd = new DepartmentDao();
                    String departmentName = dd.selectByDepartmentId(c.getDepartmentId());
                    cmbDepartmentName.setSelectedItem(departmentName);
                    cmbClassName.setSelectedItem(c.getClassName());
        }        }        }        });
```

这时当输入学号并按 Enter 键后,当前学生的信息就显示到相应位置上,用户可以在此基础上修改学生信息。修改完毕后,用户应当单击"修改"按钮实现数据表中数据的修改过程,这需要执行 update 命令来完成。

(3) 修改 StudentDao 类,添加 modifyStudent()方法,实现修改指定学号的学生信息的功能。

```
public boolean modifyStudent(Student s){
    Connection con = null;
    PreparedStatement pstmt = null;
    ResultSet rs = null;
    //实例化数据库工具
    DBUtil dbUtil = new DBUtil();
    boolean flag = false;
    //打开数据库,获取连接对象
    try{
        con = dbUtil.getConnection();
        pstmt = con.prepareStatement("update student set student_name = ?,student_sex = ?,
student_birthday = ?,class_id = ?,student_tel = ?,student_address = ? where student_id = ?");
        //创建 PreparedStatment 对象
```

```java
            pstmt.setString(1,s.getStudentName());
            pstmt.setString(2,s.getStudentSex());
            pstmt.setDate(3,s.getStudentBirthday());
            pstmt.setString(4,s.getClassId());
            pstmt.setString(5,s.getStudentTel());
            pstmt.setString(6,s.getStudentAddress());
            pstmt.setString(7,s.getStudentId());
            int n = pstmt.executeUpdate();
            if(n > 0) flag = true;
        }catch(Exception e){
            JOptionPane.showMessageDialog(null,"访问 student 表失败!");
        }finally{
            try{
                if(rs!= null)
                    rs.close();
                if(pstmt!= null)
                    pstmt.close();
                if(con!= null)
                    con.close();
            }catch(Exception e){
                e.printStackTrace();
            }
        }
        return flag;
    }
```

（4）实现"修改"按钮的事件处理。

```java
btnModify.addActionListener(new ActionListener(){
    public void actionPerformed(ActionEvent e) {
        Student student = new Student();
        //给 student 对象的属性赋值
        student.setStudentId(txtSId.getText());
        student.setStudentName(txtSName.getText());
        student.setStudentAddress(txtAddress.getText());
        student.setStudentTel(txtTel.getText());
        if(male.isSelected())
            student.setStudentSex("男");
        else
            student.setStudentSex("女");
        String strYear = (String)year.getSelectedItem();
        String strMonth = (String)month.getSelectedItem();
        String strDay = (String)day.getSelectedItem();
        Date birthday = Date.valueOf(strYear + "-" + strMonth + "-" + strDay);
        student.setStudentBirthday(birthday);
        SClassDao cd = new SClassDao();
        String strClass = (String)cmbClassName.getSelectedItem();
        String strDep = (String)cmbDepartmentName.getSelectedItem();
        String classId = cd.selectByClassNameAndDepartment(strClass, strDep);
        //给 student 对象的班级编号属性赋值
        if(classId == null){
            JOptionPane.showMessageDialog(ModifyStudent.this.btnAdd, "您所选择的班级或院系有误,请重新选择!");
            return;
        }else{
```

```
                student.setClassId(classId);
        }
        StudentDao sd = new StudentDao();
        boolean flag = sd.modifyStudent(student);
        if(flag)
            JOptionPane.showMessageDialog(ModifyStudent.this.btnAdd, "修改学生信息成功!");
        else
            JOptionPane.showMessageDialog(ModifyStudent.this.btnAdd, "修改学生信息失败!");
    }});
```

（5）"取消"按钮的事件处理。

```
cancel.addActionListener(new ActionListener(){
        public void actionPerformed(ActionEvent e) {
            txtSId.setText("");
            txtSName.setText("");
            txtAddress.setText("");
            txtTel.setText("");
            male.setSelected(true);
            year.setSelectedIndex(0);
            month.setSelectedIndex(0);
            day.setSelectedIndex(0);
            txtSId.requestFocus();
    } });
```

（6）修改 MainFrame 窗口，在构造方法中添加如下代码，实现菜单项"修改学生信息"的事件处理。

```
modifyStudent.addActionListener(new ActionListener() {
    public void actionPerformed(ActionEvent e) {
        ModifyStudent f = new ModifyStudent();
        f.setVisible(true);
    }});
```

七、"删除学生信息"菜单项功能实现

1. 实现思路

当单击"删除学生信息"菜单项时，首先应该调出如图 3-44 所示的窗口，当在该窗口中的文本框中输入学号并单击"删除"按钮时，如果该学号不存在，则弹出如图 3-45 所示的消息提示对话框；如果存在，则弹出如图 3-46 所示的确认对话框，单击"是"按钮则删除该学生的信息，单击"否"按钮则不会删除。当单击图 3-44 所示的窗口中的"取消"按钮时会清空学号文本框中的内容。

注意，在删除学生信息的同时，应该相应的删除用户表中的相关信息。

图 3-44 "删除学生信息"窗口

图 3-45 学生不存在消息提示对话框

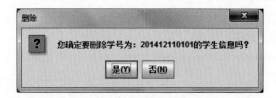

图 3-46　确认提示框

2. 代码实现

（1）在 view 包中定义"删除学生信息"窗口。

```java
public class DeleteStudent extends JFrame{
    private JLabel lblSId;
    private JTextField txtSId;
    private JButton del,cancel;
    private JPanel jp;
    public DeleteStudent(){
        super("删除学生信息");
        jp = new JPanel(null);
        lblSId = new JLabel("请输入要删除的学生的学号:");
        txtSId = new JTextField(12);
        del = new JButton("删除");
        cancel = new JButton("取消");
        this.add(jp);
        jp.add(lblSId);
        jp.add(txtSId);
        jp.add(del);
        jp.add(cancel);
        lblSId.setBounds(60, 30, 180, 20);
        txtSId.setBounds(60, 60, 180, 20);
        del.setBounds(80, 90, 60, 23);
        cancel.setBounds(160, 90, 60, 23);
        this.setSize(300, 200);
        setLocationRelativeTo(null);            //Frame 居中
        setResizable(false);                    //禁止改变框架大小
    }
}
```

（2）修改 MainFrame 窗口，在构造方法中添加如下代码，实现菜单项"删除学生信息"的事件处理。

```java
deleteStudent.addActionListener(new ActionListener() {
    public void actionPerformed(ActionEvent e) {
        DeleteStudent f = new DeleteStudent();
        f.setVisible(true);
    }
});
```

接下来实现"删除学生信息"窗口中的"删除"按钮和"取消"按钮的事件处理。

（3）修改 StudentDao 类，添加 deleteStudent()方法，实现在 student 表中删除指定学号的学生信息的功能。

```java
public boolean deleteBySId(String sId) {
    boolean bool = false;
```

```
        Connection con = null;
        PreparedStatement pstmt = null;
        ResultSet rs = null;
        //实例化数据库工具
        DBUtil dbUtil = new DBUtil();
        //打开数据库,获取连接对象
        try{
            con = dbUtil.getConnection();
            //查询学生信息
            pstmt = con.prepareStatement("delete FROM student where student_id = ?");
            pstmt.setString(1,sId);
            int n = pstmt.executeUpdate();              //获取影响的行数
            if(n > 0)
                bool = true;
        }catch(Exception e){
            JOptionPane.showMessageDialog(null,"访问 student 表失败!");
        }finally{
                try{
                    if(rs!= null)
                        rs.close();
                    if(pstmt!= null)
                        pstmt.close();
                    if(con!= null)
                        con.close();
                }catch(Exception e){
                    e.printStackTrace();
                }
            }
        return bool;
    }
```

(4) 修改 DeleteStudent 类的构造方法,添加如下代码实现"删除"按钮的事件处理。

```
del.addActionListener(new ActionListener() {
    public void actionPerformed(ActionEvent e) {
        String sId = txtSId.getText();
        int r = JOptionPane.showConfirmDialog(del,"您确定要删除学号为:" + sId + "的学生信息吗?","删除",JOptionPane.YES_NO_OPTION);
        if(r == JOptionPane.YES_OPTION){
            StudentDao sd = new StudentDao();
            boolean flag = sd.deleteBySId(sId);
            if(flag)
                JOptionPane.showMessageDialog(null,"删除成功!");
            else
                JOptionPane.showMessageDialog(null,"您要删除的学生不存在!");
        }   }   });
```

(5) 修改 DeleteStudent 类的构造方法,添加如下代码实现"取消"按钮的事件处理。

```
cancel.addActionListener(new ActionListener() {
    public void actionPerformed(ActionEvent e) {
        txtSId.setText("");
        txtSId.requestFocus();
}   });
```

至此,"删除学生信息"的菜单项就实现了。

八、"查看个人已选课程"菜单项功能实现

1. 实现思路

当单击"查看个人已选课程"菜单项时,首先应该调出如图 3-47 所示的窗口,通过本窗口可以了解到目前自己的选课情况。

图 3-47 "个人已选课程"窗口

2. 代码实现

(1) 在 entity 包中定义实体类 Course。

```
public class Course {
    private String courseId;
    private String courseName;
    private int coursePeriod;
    private int courseCredit;
    private String courseTeacher;
    private String courseAddress;
    public String getCourseId() {
        return courseId;
    }
    public void setCourseId(String courseId) {
        this.courseId = courseId;
    }
    public String getCourseName() {
        return courseName;
    }
    public void setCourseName(String courseName) {
        this.courseName = courseName;
    }
    public int getCoursePeriod() {
        return coursePeriod;
    }
    public void setCoursePeriod(int coursePeriod) {
        this.coursePeriod = coursePeriod;
    }
```

```java
    public int getCourseCredit() {
        return courseCredit;
    }
    public void setCourseCredit(int courseCredit) {
        this.courseCredit = courseCredit;
    }
    public String getCourseTeacher() {
        return courseTeacher;
    }
    public void setCourseTeacher(String courseTeacher) {
        this.courseTeacher = courseTeacher;
    }
    public String getCourseAddress() {
        return courseAddress;
    }
    public void setCourseAddress(String courseAddress) {
        this.courseAddress = courseAddress;
    }
    public Course(String courseId, String courseName, int coursePeriod, int courseCredit, String
        courseTeacher,String courseAddress) {
        this.courseId = courseId;
        this.courseName = courseName;
        this.coursePeriod = coursePeriod;
        this.courseCredit = courseCredit;
        this.courseTeacher = courseTeacher;
        this.courseAddress = courseAddress;
    }
    public Course() {

    }
}
```

（2）在 Dao 包中定义 XClassDao 类，添加 selectByCId()方法，通过用户 id 查找所选课程的 id 集合。

```java
public ArrayList<String> selectByCId(String id){
    ArrayList<String> n = new ArrayList<String>();
    int i = 0;
    Connection con = null;
    PreparedStatement pstmt = null;
    ResultSet rs = null;
    DBUtil dbUtil = new DBUtil();
    try{
        con = dbUtil.getConnection();
        pstmt = con.prepareStatement("select * from xclass where student_id = ? ");
        pstmt.setString(1, id);
        rs = pstmt.executeQuery();
        while(rs.next())
        {
            n.add(rs.getString(2));
        }
    }catch(Exception e){
        JOptionPane.showMessageDialog(null, "访问 xclass 表失败!");
        e.printStackTrace();
```

```java
        }finally{
            try{
                if(rs!= null)
                    rs.close();
                if(pstmt!= null)
                    pstmt.close();
                if(con!= null)
                    con.close();
            }catch( Exception e){
                e.printStackTrace( );
            }
        }
    return n;
}
```

(3) 在 Dao 包中定义 CourseDao 类，添加 selectByCourseIdx()方法，通过课程 id 获取课程对象。

```java
public Course selectByCourseIdx(String cid){
 Connection con = null;
    PreparedStatement pstmt = null;
    ResultSet rs = null;
    DBUtil dbUtil = new DBUtil();
    Course course = null;
    int i = 0;
    try{
        con = dbUtil.getConnection();
        pstmt = con.prepareStatement("select * from course where course_id = ? ");
        pstmt.setString(1, cid);
        rs = pstmt.executeQuery();
        while(rs.next()){
            course = new Course(rs.getString(1),rs.getString(2),rs.getInt(3),rs.getInt(4),
                rs.getString(5),rs.getString(6));
        }
    }catch(Exception e){
        JOptionPane.showMessageDialog(null, "访问 course 表失败!");
    }finally{
        try{
            if(rs!= null)
                rs.close();
            if(pstmt!= null)
                pstmt.close();
            if(con!= null)
                con.close();
        }catch( Exception e){
            e.printStackTrace( );
        }
    }
   return course;
}
```

(4) 在 view 包中定义查看个人已选课程的窗口。

```java
public class DisplaySelfCourse extends JFrame{
   private JTable table;
```

```java
    private DefaultTableModel model;
    private JScrollPane jsp;
    private JPanel jp;
    ArrayList<Course> sc = new ArrayList<Course>();
    int rows = 0;
    int i = 0;
    String title[] = {"课程编号","课程名称","课程学时","课程学分","授课老师","上课地点"};
    Object content[][] = null;
    public DisplaySelfCourse(User user){
        jp = new JPanel(new BorderLayout());
        model = new DefaultTableModel();
        table = new JTable(model);
        jsp = new JScrollPane(table);
        this.add(jp);
        jp.add(jsp,BorderLayout.CENTER);
        CourseDao sd = new CourseDao();
        XClassDao xc = new XClassDao();
        ArrayList<String> Cid = xc.selectByCId(user.getUserId());
        while(i<Cid.size()){
            Course cc = sd.selectByCourseIdx(Cid.get(i));
            sc.add(cc);
            i++;
        }
        rows = sc.size();
        setTableContent(rows);
        this.setTitle("个人已选课程");
        this.setSize(600, 400);
        this.setLocationRelativeTo(null);
    }
    private void setTableContent(int rows2) {
        content = new Object[rows][6];
        int i = 0;
        for(Course s1:sc){
            content[i][0] = s1.getCourseId();
            content[i][1] = s1.getCourseName();
            content[i][2] = s1.getCoursePeriod();
            content[i][3] = s1.getCourseCredit();
            content[i][4] = s1.getCourseTeacher();
            content[i][5] = s1.getCourseAddress();
            i++;
        }
        model.setDataVector(content, title);
    }
}
```

(5) 修改 MainFrame 窗口,在构造方法中添加如下代码,实现菜单项"查看个人已选课程"的事件处理。

```java
displaySelfCourse.addActionListener(new ActionListener(){
    public void actionPerformed(ActionEvent arg0) {
        DisplaySelfCourse dsc = new DisplaySelfCourse(user);
        dsc.setVisible(true);
    }});
```

九、"学生选课"菜单项功能实现

1. 实现思路

当单击"学生选课"菜单项时,首先应该调出如图 3-48 所示的窗口,通过本窗口可以完成选课。如果已经选过,则弹出如图 3-49 所示的"该课程已选"消息提示对话框,否则弹出如图 3-50 所示的"选课成功"消息提示对话框。

图 3-48 "学生选课"窗口

图 3-49 "该课程已选"消息提示对话框　　　图 3-50 "选课成功"消息提示对话框

2. 代码实现

(1) 在 view 包中定义"学生选课"窗口。

```java
public class SelectSelfCourse extends JFrame {
    private JTable table;
    private DefaultTableModel model;
    private JScrollPane jsp;
    private JPanel jpm,jp1;
    private JButton xuanze;
    ArrayList< Course > sc = null;
    int rows = 0;
    Object content[][] = null;
    String title[] = {"课程编号","课程名称","课程学时","课程学分","授课老师","上课地点"};
    public SelectSelfCourse(final User user){
        model = new DefaultTableModel();
        table = new JTable(model);
        jsp = new JScrollPane(table);
        table.setSelectionMode(ListSelectionModel.SINGLE_SELECTION);
```

```java
        jp1 = new JPanel();
        jpm = new JPanel(new BorderLayout());
        xuanze = new JButton("选择");
        jp1.add(xuanze);
        jpm.add(jsp,BorderLayout.CENTER);
        jpm.add(jp1,BorderLayout.SOUTH);
        CourseDao sd = new CourseDao();
        sc = sd.selectAllCourse();
        rows = sc.size();
        setTableContent(rows);
        this.add(jpm);
        this.setTitle("学生选课");
        this.setSize(600,400);
        this.setLocationRelativeTo(null);
    }
    private void setTableContent(int rows) {
        content = new Object[rows][6];
        int i = 0;
        for(Course s1:sc){
            content[i][0] = s1.getCourseId();
            content[i][1] = s1.getCourseName();
            content[i][2] = s1.getCoursePeriod();
            content[i][3] = s1.getCourseCredit();
            content[i][4] = s1.getCourseTeacher();
            content[i][5] = s1.getCourseAddress();
            i++;
        }
        model.setDataVector(content, title);
    }
}
```

（2）修改 XClassDao 类，添加 selectBySId()方法，通过用户 id 查找已选课程 id 集合。

```java
public ArrayList<String> selectBySId(String id){
    ArrayList<String> string = new ArrayList<String>();
    int i = 0;
    Connection con = null;
    PreparedStatement pstmt = null;
    ResultSet rs = null;
    DBUtil dbUtil = new DBUtil();
    try{
        con = dbUtil.getConnection();
        pstmt = con.prepareStatement("select * from xclass where student_id = ?");
        pstmt.setString(1, id);
        rs = pstmt.executeQuery();
        int n = 0;
        while(rs.next()){
            string.add(rs.getString(2));
        }
    }catch(Exception e){
        JOptionPane.showMessageDialog(null, "访问 xclass 表失败!");
        e.printStackTrace();
    }finally{
        try{
            if(rs!= null)
                rs.close();
```

```
                    if(pstmt!= null)
                        pstmt.close();
                    if(con!= null)
                        con.close();
                }catch( Exception e){
                    e.printStackTrace( );
                }
            }
        return string;
    }
```

(3) 修改 XClassDao 类,添加 insertclass()方法,完成选课。

```
public boolean insertclass( String v,String xclass){
    boolean bool = false;
    Connection con = null;
    PreparedStatement pstmt = null;
    ResultSet rs = null;
    DBUtil dbUtil = new DBUtil( );
    try{
        con = dbUtil.getConnection();
        pstmt = con.prepareStatement("insert into xclass values(?,?)");
        pstmt.setString(1, v);
        pstmt.setString(2, xclass);
        int n = pstmt.executeUpdate();
        if(n > 0)
            bool = true;
    }catch(Exception e){
        e.printStackTrace();
        JOptionPane.showMessageDialog(null, "访问 xclass 表失败!");
    }finally{
        try{
            if(rs!= null)
                rs.close();
            if(pstmt!= null)
                pstmt.close();
            if(con!= null)
                con.close();
        }catch(Exception e){
            e.printStackTrace();
        }
    }
    return bool;
}
```

(4)"选择"按钮的事件处理。

```
xuanze.addActionListener( new ActionListener(){
    public void actionPerformed(ActionEvent arg0) {
        XClassDao s = new XClassDao();
        int index[ ] = table.getSelectedRows();
        String v = table.getValueAt(index[0], 0).toString();
        ArrayList < String > as = s.selectBySId(user.getUserId( ));
        if(as!= null){
            if(as.contains(v)){
                JOptionPane.showMessageDialog(null, "该课程已选","提示",JOptionPane.INFORMATION_MESSAGE);
```

```
        } else{
            boolean bool = s.insertclass(user.getUserId(),v);
            if(bool == true){
            JOptionPane.showMessageDialog(null, "选课成功","提示",JOptionPane.INFORMATION_MESSAGE);
        }else JOptionPane.showMessageDialog(null, "选课失败","提示",
                JOptionPane.WARNING_MESSAGE);
    } } }     });
```

（5）修改 MainFrame 窗口，在构造方法中添加如下代码，实现菜单项"学生选课"的事件处理。

```
selectSelfCourse.addActionListener(new ActionListener(){
    public void actionPerformed(ActionEvent arg0) {
        SelectSelfCourse a = new SelectSelfCourse(user);
        a.setVisible(true);
}} );
```

十、"学生退课"菜单项功能实现

1. 实现思路

当单击"学生退课"菜单项时，首先应该调出如图 3-51 所示的窗口，当选择某一行并单击"退课"按钮时，则弹出如图 3-52 所示的询问对话框，如果单击"是"按钮，则退课成功，这时单击"刷新"按钮则会更新窗口。

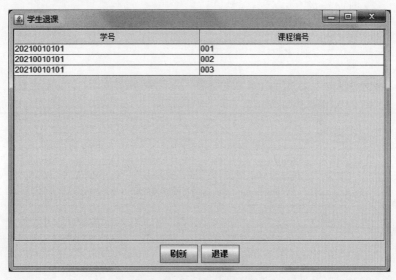

图 3-51 "学生退课"窗口

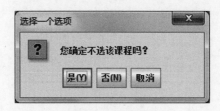

图 3-52 询问对话框

2. 代码实现

（1）修改 XClassDao 类，添加 deleteCourse()方法，完成退课。

```java
public boolean deleteCourse(JTable table){
  int index[] = table.getSelectedRows();
  if(index.length == 0){
      JOptionPane.showMessageDialog(null, "请选择要退回的课程");
  }else{
      try{
          int k = JOptionPane.showConfirmDialog(null, "您确定不选该课程吗?");
          if(k == JOptionPane.YES_OPTION){
              Connection con = null;
              PreparedStatement pstmt = null;
              ResultSet rs = null;
              DBUtil dbUtil = new DBUtil();
              try{
                con = dbUtil.getConnection();
                String sno = table.getValueAt(index[0],0).toString();
                String cno = table.getValueAt(index[0], 1).toString();
                pstmt = con.prepareStatement("delete from xclass where course_id = ? and student_id = ? ");
                pstmt.setString(1, cno);
                pstmt.setString(2, sno);
                int count = pstmt.executeUpdate();
                if(count == 1)
                return true;
          }catch(Exception e){
              e.printStackTrace();
          }finally{
              try{
                  if(rs!= null)
                      rs.close();
                  if(pstmt!= null)
                      pstmt.close();
                  if(con!= null)
                      con.close();
              }catch( Exception e){
                  e.printStackTrace( );
              }} }
      }catch(Exception e){
          e.printStackTrace();
      }   }
   return false;
}
```

（2）在 view 包中定义学生退课窗口。

```java
public class QuitCourse extends JFrame implements ActionListener{
  private JButton b_shuaxin,tuike;
  private DefaultTableModel model = new DefaultTableModel();
  private JPanel p_main,p_button;
  private JTable table = new JTable(model);
  private JScrollPane sp_table;
  String sid = null;
  public QuitCourse(User user){
    sid = user.getUserId();
    sp_table = new JScrollPane(table);
    table.setSelectionMode(ListSelectionModel.SINGLE_SELECTION);
```

```java
            tuike = new JButton("退课");
            b_shuaxin = new JButton("刷新");
            tuike.addActionListener(this);
            b_shuaxin.addActionListener(this);
            p_button = new JPanel();
            p_button.add(b_shuaxin);
            p_button.add(tuike);
            p_main = new JPanel(new BorderLayout());
            p_main.add(sp_table,BorderLayout.CENTER);
            p_main.add(p_button,BorderLayout.SOUTH);
            sp_table.setBounds(10,200,430,250);
            tuike.setBounds(150,300,80,80);
            b_shuaxin.setBounds(300,300,80,80);
            this.chaKan(sid);
            this.setContentPane(p_main);
            this.setTitle("学生退课");
            this.setSize(600, 400);
            this.setLocationRelativeTo(null);
    }
    public void actionPerformed(ActionEvent e){
            Object obj = e.getSource();
            if(obj == b_shuaxin){
                chaKan(sid);
            }else if(obj == tuike){
                XClassDao c = new XClassDao();
                boolean flag = c.deleteCourse(table);
                if(flag)
                    JOptionPane.showMessageDialog(null, "退课成功");
                else
                    JOptionPane.showMessageDialog(null, "退课失败");
            }   }
    public void chaKan(String sid){
            Connection con = null;
            PreparedStatement pstmt = null;
            ResultSet rs = null;
            DBUtil dbUtil = new DBUtil();
            try{
                con = dbUtil.getConnection();
                pstmt = con.prepareStatement("select * from xclass where student_id = ? ");
                pstmt.setString(1, sid);
                rs = pstmt.executeQuery();
                ResultSetMetaData rsmd = rs.getMetaData();
                int colCount = rsmd.getColumnCount();
                Vector<String> title = new Vector<String>();
                title.add("学号");
                title.add("课程编号");
                Vector<Vector<String>> data = new Vector<Vector<String>>();
                int rowCount = 0;
                while(rs.next()){
                    rowCount++;
                    Vector<String> rowdata = new Vector<String>();
                    for(int i = 1;i <= colCount;i++){
                        rowdata.add(rs.getString(i));
                    }
                    data.add(rowdata);}
                if(rowCount == 0){
                    model.setDataVector(null, title);
                }else{
```

```
                    model.setDataVector(data, title);
                }
        }catch(Exception e){
            e.printStackTrace();
        }finally{
            try{
                if(rs!= null)
                    rs.close();
                if(pstmt!= null)
                    pstmt.close();
                if(con!= null)
                    con.close();
            }catch( Exception e){
                e.printStackTrace( );
            }
        }
    }    }
```

（3）修改 MainFrame 窗口，在构造方法中添加如下代码，实现菜单项"学生退课"的事件处理。

```
quitCourse.addActionListener( new ActionListener(){
    public void actionPerformed(ActionEvent arg0) {
        QuitCourse dsc = new QuitCourse(user);
        dsc.setVisible(true);
}});
```

十一、"查询课程"菜单项功能实现

1. 实现思路

当单击"查询课程"菜单项时，调出如图 3-53 所示的查询课程的窗口，默认查询所有课程；也可以通过单选按钮实现如图 3-54 所示的按课程名称查询、如图 3-55 所示的按课程学分查询以及如图 3-56 所示的按授课老师查询。

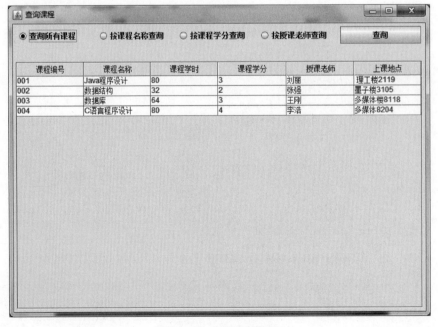

图 3-53　查询所有课程

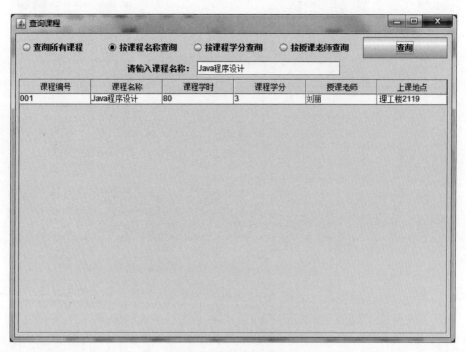

图 3-54　按课程名称查询

图 3-55　按课程学分查询

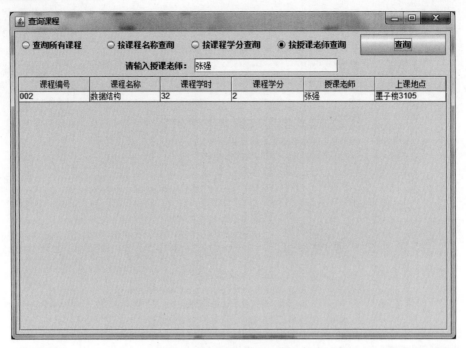

图 3-56 按授课老师查询

2. 代码实现

（1）修改 CourseDao 类，添加 selectAllCourse( )方法，实现查询所有课程。

```
//查看所有课程信息
  public ArrayList<Course> selectAllCourse(){
      ArrayList<Course> courses = new ArrayList<Course>();
      Connection con = null;
      PreparedStatement pstmt = null;
      ResultSet rs = null;
      DBUtil dbUtil = new DBUtil();
      Course course = null;
      try{
          con = dbUtil.getConnection();
          pstmt = con.prepareStatement("select * from course");
          rs = pstmt.executeQuery();
          while(rs.next()){
              course = new Course(rs.getString(1),rs.getString(2),rs.getInt(3),rs.getInt(4),
                  rs.getString(5),rs.getString(6));
              courses.add(course);
          }
      }catch(Exception e){
          JOptionPane.showMessageDialog(null, "访问 course 表失败!");
      }finally{
          try{
              if(rs!= null)
                  rs.close();
              if(pstmt!= null)
                  pstmt.close();
```

```java
            if(con!= null)
                con.close();
            }catch( Exception e){
                e.printStackTrace( );
            }
        }
    }
    return courses;
}
```

（2）修改 CourseDao 类，添加 selectByName()方法，实现按课程名称查询课程。

```java
public ArrayList<Course> selectByName(String name){
    ArrayList<Course> courses = new ArrayList<Course>();
    Connection con = null;
    PreparedStatement pstmt = null;
    ResultSet rs = null;
    DBUtil dbUtil = new DBUtil();
    Course course = null;
    try{
        con = dbUtil.getConnection();
        pstmt = con.prepareStatement("select * from course where course_name = ?");
        pstmt.setString(1,name );
        rs = pstmt.executeQuery();
        while(rs.next()){
            course = new Course(rs.getString(1),rs.getString(2),rs.getInt(3),rs.getInt(4),
                    rs.getString(5),rs.getString(6));
            courses.add(course);
        }
    }catch(Exception e){
        JOptionPane.showMessageDialog(null, "访问 course 表失败!");
    }finally{
        try{
            if(rs!= null)
                rs.close();
            if(pstmt!= null)
                pstmt.close();
            if(con!= null)
                con.close();
        }catch( Exception e){
            e.printStackTrace( );
        }
    }
    return courses;
}
```

（3）修改 CourseDao 类，添加 selectByCredit()方法，实现按课程学分查询课程。

```java
public ArrayList<Course> selectByCredit(String credit){
    int i = Integer.parseInt(credit);
    ArrayList<Course> courses = new ArrayList<Course>();
    Connection con = null;
    PreparedStatement pstmt = null;
    ResultSet rs = null;
```

```java
        DBUtil dbUtil = new DBUtil();
        Course course = null;
        try{
            con = dbUtil.getConnection();
            pstmt = con.prepareStatement("select * from course where course_credit = ?");
            pstmt.setInt(1, i);
            rs = pstmt.executeQuery();
            while(rs.next()){
                course = new Course(rs.getString(1), rs.getString(2), rs.getInt(3), rs.getInt(4), rs.getString(5), rs.getString(6));
                courses.add(course);
            }
        }catch(Exception e){
            JOptionPane.showMessageDialog(null, "访问course表失败!");
        }finally{
            try{
                if(rs!= null)
                    rs.close();
                if(pstmt!= null)
                    pstmt.close();
                if(con!= null)
                    con.close();
            }catch( Exception e){
                e.printStackTrace( );
            }
        }
        return courses;
    }
```

（4）修改 CourseDao 类，添加 selectByTeacher()方法，实现按授课老师查询课程。

```java
public ArrayList<Course> selectByTeacher(String teacher){
    ArrayList<Course> courses = new ArrayList<Course>();
    Connection con = null;
    PreparedStatement pstmt = null;
    ResultSet rs = null;
    DBUtil dbUtil = new DBUtil();
    Course course = null;
    try{
        con = dbUtil.getConnection();
        pstmt = con.prepareStatement("select * from course where course_teacher = ?");
        pstmt.setString(1, teacher);
        rs = pstmt.executeQuery();
        while(rs.next()){
            course = new Course(rs.getString(1), rs.getString(2), rs.getInt(3), rs.getInt(4),
                    rs.getString(5), rs.getString(6));
            courses.add(course);
        }
    }catch(Exception e){
        JOptionPane.showMessageDialog(null, "访问course表失败!");
    }finally{
        try{
            if(rs!= null)
                rs.close();
```

```java
                if(pstmt!= null)
                    pstmt.close();
                if(con!= null)
                    con.close();
            }catch( Exception e){
                e.printStackTrace( );
            }
        }
    }
    return courses;
}
```

(5) 在 view 包中定义"查询课程信息"窗口。

```java
public class SelectCourse extends JFrame implements ActionListener{
    private JPanel jp1,jp11,jp12,jp2;
    private JRadioButton selectByName,selectByCredit,selectByTeacher,selectAll;
    private ButtonGroup bg;
    private JLabel lblName,lblCredit,lblTeacher;
    private JTextField txtName,txtTeacher,txtCredit;
    private DefaultTableModel model;
    private JTable table;
    private JScrollPane sp;
    private JButton ok;
    int rows = 0;
    ArrayList < Course > students = null;
    CourseDao sd = new CourseDao( );
    Object content[ ][ ] = null;
    String title[ ] = {"课程编号","课程名称","课程学时","课程学分","授课老师","上课地点"};
    public SelectCourse(){
        setTitle("查询课程");
        jp1 = new JPanel();
        jp1.setLayout(new GridLayout(2,1));
        jp11 = new JPanel(new GridLayout(1,5));
        jp12 = new JPanel();
        jp2 = new JPanel();
        jp2.setBorder(new EmptyBorder(5,5,5,5));
        jp2.setLayout(new BorderLayout(0,0));
        bg = new ButtonGroup();
        selectAll = new JRadioButton("查询所有课程",true);
        selectByName = new JRadioButton("按课程名称查询");
        selectByCredit = new JRadioButton("按课程学分查询");
        selectByTeacher = new JRadioButton("按授课老师查询");
        bg.add(selectAll);
        bg.add(selectByName);
        bg.add(selectByCredit);
        bg.add(selectByTeacher);
        ok = new JButton("查询");
        ok.addActionListener(this);
        jp11.add(selectAll);
        jp11.add(selectByName);
        jp11.add(selectByCredit);
        jp11.add(selectByTeacher);
        jp11.add(ok);
        jp1.add(jp11);
        lblName = new JLabel("请输入课程名称:");
```

```java
                txtName = new JTextField(20);
                lblTeacher = new JLabel("请输入授课老师:");
                lblCredit = new JLabel("请输入课程学分:");
                txtTeacher = new JTextField(20);
                txtCredit = new JTextField(20);
                jp12.add(lblName);
                jp12.add(txtName);
                jp12.add(lblTeacher);
                jp12.add(txtTeacher);
                jp12.add(lblCredit);
                jp12.add(txtCredit);
                jp1.add(jp12);
                lblName.setVisible(false);
                txtName.setVisible(false);
                lblCredit.setVisible(false);
                txtCredit.setVisible(false);
                lblTeacher.setVisible(false);
                txtTeacher.setVisible(false);
                model = new DefaultTableModel();
                table = new JTable(model);
                table.setSelectionMode(ListSelectionModel.SINGLE_SELECTION);
                students = sd.selectAllCourse();
                rows = students.size();
                setTableContent(rows);
                sp = new JScrollPane(table);
                jp2.add(sp, BorderLayout.CENTER);
                jp2.add(jp1, BorderLayout.NORTH);
                this.add(jp2);
                this.setSize(700, 500);
                this.setLocationRelativeTo(null);
                selectAll.addActionListener(new ActionListener(){
                    public void actionPerformed(ActionEvent e) {
                        lblName.setVisible(false);
                        txtName.setVisible(false);
                        lblTeacher.setVisible(false);
                        txtTeacher.setVisible(false);
                        lblCredit.setVisible(false);
                        txtCredit.setVisible(false);
                    }
                });
                selectByName.addActionListener(new ActionListener() {
                    public void actionPerformed(ActionEvent e) {
                        lblName.setVisible(true);
                        txtName.setVisible(true);
                        lblTeacher.setVisible(false);
                        txtTeacher.setVisible(false);
                        lblCredit.setVisible(false);
                        txtCredit.setVisible(false);
                        txtName.requestFocus();
                    } });
                selectByCredit.addActionListener(new ActionListener() {
                public void actionPerformed(ActionEvent e) {
                    lblName.setVisible(false);
                    txtName.setVisible(false);
```

```java
            lblTeacher.setVisible(false);
            txtTeacher.setVisible(false);
            lblCredit.setVisible(true);
            txtCredit.setVisible(true);
        }  });
        selectByTeacher.addActionListener(new ActionListener(){
            public void actionPerformed(ActionEvent e) {
                lblTeacher.setVisible(true);
                txtTeacher.setVisible(true);
                lblName.setVisible(false);
                txtName.setVisible(false);
                lblCredit.setVisible(false);
                txtCredit.setVisible(false);
            }  });     }
        public void setTableContent(int rows){
            content = new Object[rows][6];
            int i = 0;
            for(Course s:students){
                content[i][0] = s.getCourseId();
                content[i][1] = s.getCourseName();
                content[i][2] = s.getCoursePeriod();
                content[i][3] = s.getCourseCredit();
                content[i][4] = s.getCourseTeacher();
                content[i][5] = s.getCourseAddress();
                i++;
            }
            model.setDataVector(content, title);
        }
        //"查询"按钮的事件处理
        public void actionPerformed(ActionEvent e) {
            if(selectAll.isSelected()){
                students = sd.selectAllCourse();
                rows = students.size();
                setTableContent(rows);
            }else if(selectByName.isSelected()){
                students = sd.selectByName(txtName.getText());
                rows = students.size();
            }else if(selectByCredit.isSelected()){
                String strClass = txtCredit.getText();
                students = sd.selectByCredit(strClass);
                rows = students.size();
                }else if(selectByTeacher.isSelected()){
                    students = sd.selectByTeacher(txtTeacher.getText());
                    rows = students.size();
                }
            setTableContent(rows);
        } }
```

（6）修改 MainFrame 窗口，在构造方法中添加如下代码，实现菜单项"查询课程"的事件处理。

```java
selectCourse.addActionListener(new ActionListener(){
    public void actionPerformed(ActionEvent arg0) {
        SelectCourse sc = new SelectCourse( );
```

```
            sc.setVisible(true);
    } });
```

十二、"添加课程"菜单项功能实现

1. 实现思路

当单击"添加课程"菜单项时,首先应该调出如图 3-57 所示的"添加课程"窗口。如果所填信息正确,则调出如图 3-58 所示的"添加成功"消息提示对话框;如果课程编号重复或课程学时、课程学分不是整数,则调出如图 3-59 所示的"添加失败"消息提示对话框。

图 3-57 "添加课程"窗口

图 3-58 "添加成功"消息提示对话框　　　图 3-59 "添加失败"消息提示对话框

2. 代码实现

(1) 修改 CourseDao 类,添加 insertCourse()方法,添加课程信息。

```
public boolean insertCourse(String cid, String cname, String tp, String tc, String tt, String ta){
    boolean bool = false;
    Connection con = null;
    PreparedStatement pstmt = null;
    ResultSet rsResultSet = null;
    DBUtil dbUtil = new DBUtil();
    try{
        con = dbUtil.getConnection();
        pstmt = con.prepareStatement("insert into course values(?,?,?,?,?,?)");
```

```java
                pstmt.setString(1, cid);
                pstmt.setString(2, cname);
                pstmt.setInt(3, Integer.parseInt(tp));
                pstmt.setInt(4, Integer.parseInt(tc));
                pstmt.setString(5, tt);
                pstmt.setString(6, ta);
                int n = pstmt.executeUpdate();
                if(n > 0)
                    bool = true;
        }catch(Exception e){
                e.printStackTrace();
        }finally{
                try{
                    if(pstmt!= null)
                        pstmt.close();
                    if(con!= null)
                        con.close();
                }catch( Exception e){
                    e.printStackTrace( );
                }
        }
        return bool;
    }
```

（2）在 view 包中定义"添加课程"窗口。

```java
public class InsertCourse extends JFrame {
    private JPanel jp;
    private JLabel lblCId, lblName, lblPeriod, lblCredit, lblTeacher, lblAddress;
    private JTextField txtCId, txtName, txtPeriod, txtCredit, txtTeacher, txtAddress;
    private JButton btnAdd, cancel;
    public InsertCourse(){
        super("添加课程");
        jp = new JPanel(null);
        lblCId = new JLabel("课程编号:");
        lblName = new JLabel("课程名称:");
        lblPeriod = new JLabel("课程学时:");
        lblCredit = new JLabel("课程学分:");
        lblTeacher = new JLabel("授课老师:");
        lblAddress = new JLabel("上课地点:");
        txtCId = new JTextField(10);
        txtName = new JTextField(10);
        txtPeriod = new JTextField(12);
        txtCredit = new JTextField(12);
        txtTeacher = new JTextField(12);
        txtAddress = new JTextField(10);
        btnAdd = new JButton("添加");
        cancel = new JButton("取消");
        this.add(jp);
        jp.add(lblCId);
        jp.add(txtCId);
        jp.add(lblName);
        jp.add(txtName);
        jp.add(lblPeriod);
        jp.add(txtPeriod);
```

```java
            jp.add(lblCredit);
            jp.add(txtCredit);
            jp.add(lblTeacher);
            jp.add(txtTeacher);
            jp.add(lblAddress);
            jp.add(txtAddress);
            jp.add(btnAdd);
            jp.add(cancel);
            lblCId.setBounds(50, 20, 100, 15);
            lblName.setBounds(50, 70, 100, 15);
            lblPeriod.setBounds(50, 120, 100, 15);
            lblCredit.setBounds(50,170,100,15);
            lblTeacher.setBounds(50,220,100,15);
            lblAddress.setBounds(50,270,100,15);
            txtCId.setBounds(150, 20, 210, 21);
            txtName.setBounds(150, 70, 210, 21);
            txtPeriod.setBounds(150, 120, 210, 21);
            txtCredit.setBounds(150,170,210,21);
            txtTeacher.setBounds(150,220,210,21);
            txtAddress.setBounds(150,270,210,21);
            btnAdd.setBounds(70, 330, 100, 21);
            cancel.setBounds(240, 330, 100, 21);
            txtCId.requestFocus();                   //将光标置于学号文本框
            this.setSize(400,400);
            setLocationRelativeTo(null);             //居中
            setResizable(false);
            btnAdd.addActionListener(new ActionListener(){
             public void actionPerformed(ActionEvent e) {
                if("".equals(txtCId.getText())){
                  JOptionPane.showMessageDialog(InsertCourse.this.btnAdd, "课程编号不为空");
                  txtCId.requestFocus();
                }else if("".equals(txtName.getText())){
                  JOptionPane.showMessageDialog(InsertCourse.this.btnAdd, "课程名称不为空");
                  txtName.requestFocus();
                }else if("".equals(txtPeriod.getText())){
                  JOptionPane.showMessageDialog(InsertCourse.this.btnAdd, "课程学时不为空");
                  txtPeriod.requestFocus();
                }else if("".equals(txtCredit.getText())){
                  JOptionPane.showMessageDialog(InsertCourse.this.btnAdd, "课程学分不为空");
                  txtCredit.requestFocus();
                }else if("".equals(txtTeacher.getText())){
                  JOptionPane.showMessageDialog(InsertCourse.this.btnAdd, "授课老师不为空");
                  txtTeacher.requestFocus();
                }else if("".equals(txtAddress.getText())){
                  JOptionPane.showMessageDialog(InsertCourse.this.btnAdd, "上课地点不为空");
                  txtAddress.requestFocus();
                }else {
                      CourseDao s = new CourseDao();
                      String cid = txtCId.getText();
                      String cname = txtName.getText();
                      String cp = txtPeriod.getText();
                      String cc = txtCredit.getText();
                      String ct = txtTeacher.getText();
                      String ca = txtAddress.getText();
```

```
                boolean flag = s.insertCourse(cid,cname,cp,cc,ct,ca);
                if(flag)
                    JOptionPane.showMessageDialog(null,"添加成功","提示",
                        JOptionPane.INFORMATION_MESSAGE);
                else
                    JOptionPane.showMessageDialog(null,"添加失败,请检查!课程编号不能重
                    复,课程学时和课程学分是整数","提示",JOptionPane.WARNING_MESSAGE);
            }} );
        cancel.addActionListener(new ActionListener(){
            public void actionPerformed(ActionEvent e) {
                txtCId.setText("");
                txtName.setText("");
                txtPeriod.setText("");
                txtCredit.setText("");
                txtTeacher.setText("");
                txtAddress.setText("");
                txtCId.requestFocus();
            }
        });
    }}
```

（3）修改 MainFrame 窗口,在构造方法中添加如下代码,实现菜单项"添加课程"的事件处理。

```
insertCourse.addActionListener(new ActionListener(){
    public void actionPerformed(ActionEvent arg0) {
        InsertCourse dsc = new InsertCourse();
        dsc.setVisible(true);
}});
```

十三、"修改课程"菜单项功能实现

1. 实现思路

当单击"修改课程"菜单项时,首先应该调出如图 3-60 所示的"修改课程"窗口。当输入一个正确的课程编号并单击"确定"按钮后,则从数据库中查询该课程的详细信息并在窗口中的相应文本框中显示出来,同时课程编号变为不可编辑状态。当修改完毕单击"修改"按钮时,则调出如图 3-61 所示的"修改成功"消息提示对话框;如果课程学时或课程学分不是整数,调出如图 3-62 所示的"修改失败：课程学时或课程学分不符合要求"消息提示对话框。当输入的课程编号不存在时,则会调出如图 3-63 所示的"课程编号不存在"消息提示对话框。

2. 代码实现

（1）修改 CourseDao 类,添加 selectByCourseId() 方法,按课程编号查询课程信息。

```
public Course selectByCourseId(String cid){
    Course c = null;
    Connection con = null;
    PreparedStatement pstmt = null;
    ResultSet rs = null;
    DBUtil dbUtil = new DBUtil();
    try{
        con = dbUtil.getConnection();
```

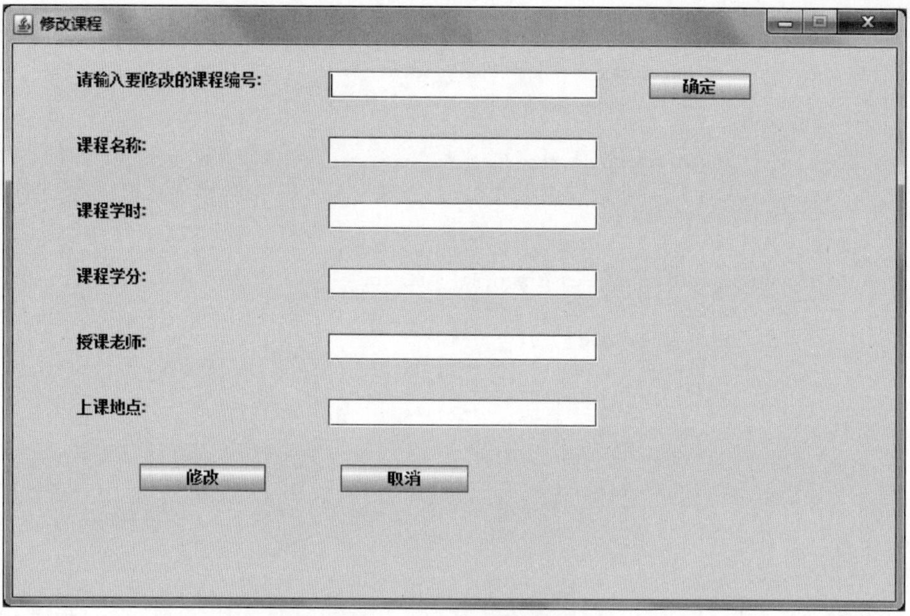

图 3-60 修改课程信息

图 3-61 "修改成功"消息提示对话框

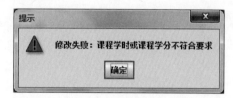

图 3-62 "修改失败:课程学时或课程学分不符合要求"消息提示对话框

图 3-63 "课程编号不存在"消息提示对话框

```
pstmt = con.prepareStatement("select * from course where course_id = ? ");
pstmt.setString(1, cid);
rs = pstmt.executeQuery();
if(rs.next()){
    c = new Course();
    c.setCourseId(rs.getString(1));
    c.setCourseName(rs.getString(2));
    c.setCoursePeriod(rs.getInt(3));
    c.setCourseCredit(rs.getInt(4));
    c.setCourseTeacher(rs.getString(5));
    c.setCourseAddress(rs.getString(6));
    }
}catch(Exception e){
```

```java
                e.printStackTrace();
                //JOptionPane.showMessageDialog(null, "访问 course 表失败!");
        }finally{
            try{
                if(rs!= null)
                    rs.close();
                if(pstmt!= null)
                    pstmt.close();
                if(con!= null)
                    con.close();
            }catch( Exception e){
                e.printStackTrace( );
            }
        }
    return c;
}
```

（2）修改 CourseDao 类，添加 modifyCourse()方法，修改课程信息。

```java
public boolean modifyCourse(String cid, String cname, int tp, int tc, String tt, String ta){
    boolean bool = false;
    Connection con = null;
    PreparedStatement pstmt = null;
    DBUtil dbUtil = new DBUtil();
    try{
        con = dbUtil.getConnection();
        pstmt = con.prepareStatement("update course set course_name = ?, course_period = ?,
            course_credit = ?, course_teacher = ?, course_address = ? where course_id = ?");
        pstmt.setString(1, cname);
        pstmt.setInt(2, tp);
        pstmt.setInt(3, tc);
        pstmt.setString(4, tt);
        pstmt.setString(5, ta);
        pstmt.setString(6, cid);
        int n = pstmt.executeUpdate();
        if(n > 0)
            bool = true;
    }catch(Exception e){
        e.printStackTrace();
    }finally{
            try{
                if(pstmt!= null)
                    pstmt.close();
                if(con!= null)
                    con.close();
            }catch( Exception e){
                e.printStackTrace( );
            }
    }
    return bool;
}
```

（3）在 view 包中定义"修改课程"窗口。

```java
public class ModifyCourse extends JFrame{
    private JPanel jp;
```

```java
    private JLabel lblid,lblname,lblp,lblc,lblt,lbla;
    private JTextField txtid,txtname,txtp,txtc,txtt,txta;
    private JButton btnModify,btnCancel,ok;
    public ModifyCourse(){
        super("修改课程");
        jp = new JPanel(null);
        lblid = new JLabel("请输入要修改的课程编号");
        lblname = new JLabel("课程名称");
        lblp = new JLabel("课程学时");
        lblc = new JLabel("课程学分");
        lblt = new JLabel("授课老师");
        lbla = new JLabel("上课地点");
        txtid = new JTextField();
        txtname = new JTextField();
        txtp = new JTextField();
        txtc = new JTextField();
        txtt = new JTextField();
        txta = new JTextField();
        btnModify = new JButton("修改");
        btnCancel = new JButton("取消");
        ok = new JButton("确定");
        this.add(jp);
        jp.add(lblid);
        jp.add(lblname);
        jp.add(lblp);
        jp.add(lblc);
        jp.add(lblt);
        jp.add(lbla);
        jp.add(txtid);
        jp.add(txtname);
        jp.add(txtp);
        jp.add(txtc);
        jp.add(txtt);
        jp.add(txta);
        jp.add(btnModify);
        jp.add(btnCancel);
        jp.add(ok);
        ok.setBounds(500, 20, 80, 20);
        lblid.setBounds(50, 20, 150, 15);
        lblname.setBounds(50, 70, 150, 15);
        lblp.setBounds(50, 120, 150, 15);
        lblc.setBounds(50,170,150,15);
        lblt.setBounds(50,220,150,15);
        lbla.setBounds(50,270,150,15);
        txtid.setBounds(250, 20, 210, 21);
        txtname.setBounds(250, 70, 210, 21);
        txtp.setBounds(250, 120, 210, 21);
        txtc.setBounds(250,170,210,21);
        txtt.setBounds(250,220,210,21);
        txta.setBounds(250,270,210,21);
        btnModify.setBounds(100, 320, 100, 21);
        btnCancel.setBounds(260, 320, 100, 21);
        this.setSize(700,450);
        setLocationRelativeTo(null);
```

```java
            setResizable(false);
        ok.addActionListener(new ActionListener(){
            public void actionPerformed(ActionEvent e) {
                CourseDao sd = new CourseDao();
                String s1 = txtid.getText();
                Course c = sd.selectByCourseId(s1);
                if(c == null){
                    JOptionPane.showMessageDialog(null, "课程编号不存在!","提示",
                            JOptionPane.INFORMATION_MESSAGE);
                }else{
                    txtname.setText(c.getCourseName());
                    txtp.setText("" + c.getCoursePeriod());
                    txtc.setText("" + c.getCourseCredit());
                    txtt.setText(c.getCourseTeacher());
                    txta.setText(c.getCourseAddress());
                    txtid.setEditable(false);
                }}
        });
        btnModify.addActionListener(new ActionListener(){
            public void actionPerformed(ActionEvent ex){
              try{CourseDao s = new CourseDao();
                String cid = txtid.getText();
                String cname = txtname.getText();
                int tp = Integer.parseInt(txtp.getText());
                int tc = Integer.parseInt(txtc.getText());
                String tt = txtt.getText();
                String ta = txta.getText();
                boolean i = s.modifyCourse(cid,cname,tp,tc,tt,ta);
                if(i == true)
                  JOptionPane.showMessageDialog(null, "修改成功","提示",
                        JOptionPane.INFORMATION_MESSAGE);
                else
                  JOptionPane.showMessageDialog(null, "修改失败","提示",
                        JOptionPane.WARNING_MESSAGE);
              }catch(Exception e){
                JOptionPane.showMessageDialog(null, "修改失败:课程学时或课程学分不符合要求",
                        "提示",JOptionPane.WARNING_MESSAGE);
            }}});
        btnCancel.addActionListener(new ActionListener(){
            public void actionPerformed(ActionEvent e){
                txtid.setText("");
                txtname.setText("");
                txtp.setText("");
                txtc.setText("");
                txtt.setText("");
                txta.setText("");
                txtid.setEditable(true);
                txtid.requestFocus();
            }
        });
    }}
```

（4）修改 MainFrame 窗口，在构造方法中添加如下代码，实现菜单项"修改课程"的事件处理。

```
modifyCourse.addActionListener(new ActionListener(){
    public void actionPerformed(ActionEvent arg0) {
        modifyCourse dsc = new modifyCourse ();
        dsc.setVisible(true);
    }});
```

十四、"删除课程"菜单项功能实现

1. 实现思路

当单击"删除课程"菜单项时,首先应该调出如图 3-64 所示的"删除课程"窗口。当选择一行并单击"删除"按钮时,则调出如图 3-65 所示的确认对话框,这时如果单击"是"按钮,则调出"删除成功"或"删除失败"消息提示对话框。

课程编号	课程名称	课程学时	课程学分	授课老师	上课地点
001	Java程序设计	80	3	刘丽	理工楼2119
002	数据结构	32	2	张强	墨子楼3105
003	数据库	64	3	王刚	多媒体楼8118
004	C语言程序设计	80	4	李浩	多媒体8204

图 3-64 "删除课程"窗口

图 3-65 确认对话框

2. 代码实现

(1) 修改 CourseDao 类,添加 selectByCourseId()方法,删除指定课程编号的课程信息。

```
public boolean deleteByCourseId(String cid){
    boolean bool = false;
    Connection con = null;
    PreparedStatement pstmt = null;
    try{
        DBUtil dbUtil = new DBUtil();
```

```java
            con = dbUtil.getConnection();
            pstmt = con.prepareStatement("delete from course where course_id = ?");
            pstmt.setString(1,cid);
            int n = pstmt.executeUpdate();
            if(n > 0)
                bool = true;
        }catch(Exception e){
            JOptionPane.showMessageDialog(null, "访问course表失败!");
        }finally{
            try{
                if(pstmt!= null)
                    pstmt.close();
                if(con!= null)
                    con.close();
            }catch( Exception e){
                e.printStackTrace( );
            }
        }
    return bool;
    }
```

(2) 在view包中定义"修改课程"窗口。

```java
public class DeleteCourse extends JFrame implements ActionListener{
    private JButton delete;
    private DefaultTableModel model;
    private JTable table;
    private JScrollPane sp_table;
    int rows = 0;
    ArrayList< Course > allCourse = null;
    CourseDao sd = new CourseDao();
    Object content[][] = null;
    String title[ ] = {"课程编号","课程名称","课程学时","课程学分","授课老师","上课地点"};
    public DeleteCourse(){
        model = new DefaultTableModel();
        table = new JTable(model);
        table.setSelectionMode(ListSelectionModel.SINGLE_SELECTION);
        sp_table = new JScrollPane(table);
        allCourse = sd.selectAllCourse();
        rows = allCourse.size();
        setTableContent(rows);
        delete = new JButton("删除");
        delete.addActionListener(this);
        this.add(sp_table,BorderLayout.CENTER);
        this.add(delete,BorderLayout.SOUTH);
        this.setTitle("删除课程");
        this.setBounds(100, 100, 550, 500);
    }
    public void actionPerformed(ActionEvent e){
        int index[ ] = table.getSelectedRows();
        if(index.length == 0){
            JOptionPane.showMessageDialog(null, "请选择要删除的记录");
        }else{
            int k = JOptionPane.showConfirmDialog(null, "您确定删除该记录?");
            if(k == JOptionPane.YES_OPTION){
                String cid = table.getValueAt(index[0],0).toString();
                boolean bool = sd.deleteByCourseId(cid);
                if(bool){
                    JOptionPane.showMessageDialog(null, "删除成功!");
```

```
                    }else{
                        JOptionPane.showMessageDialog(null, "删除失败!");
                    }    }    }
            allCourse = sd.selectAllCourse();
            rows = allCourse.size();
            setTableContent(rows);
        }
        public void setTableContent(int rows){
                content = new Object[rows][6];
                int i = 0;
                for(Course s:allCourse){
                    content[i][0] = s.getCourseId();
                    content[i][1] = s.getCourseName();
                    content[i][2] = s.getCoursePeriod();
                    content[i][3] = s.getCourseCredit();
                     content[i][4] = s.getCourseTeacher();
                    content[i][5] = s.getCourseAddress();
                    i++;
                }
                model.setDataVector(content, title);
        }
    }
```

(3) 修改 MainFrame 窗口,在构造方法中添加如下代码,实现菜单项"删除课程"的事件处理。

```
deleteCourse.addActionListener(new ActionListener(){
 public void actionPerformed(ActionEvent arg0) {
     DeleteCourse dsc = new DeleteCourse();
     dsc.setVisible(true);
}});
```

十五、"查看个人奖惩信息"菜单项功能实现

1. 实现思路

当单击"查看个人奖惩信息"菜单项时,调出如图 3-66 所示的窗口。通过该窗口可以了解自己已有的奖惩信息。

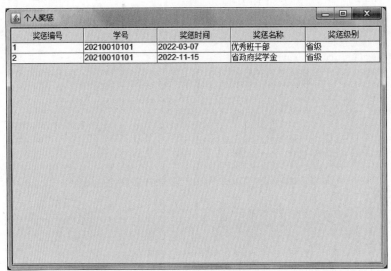

图 3-66 "个人奖惩"窗口

2. 代码实现

（1）定义数据表 prize 的实体类 Prize。

```java
public class Prize {
    private int prizeId;
    private String studentId;
    private Date prizeDate;
    private String prizeName;
    private String prizeLevel;
    public Prize(int prizeId, String studentId, Date prizeDate, String prizeName, String prizeLevel) {
        this.prizeId = prizeId;
        this.studentId = studentId;
        this.prizeDate = prizeDate;
        this.prizeName = prizeName;
        this.prizeLevel = prizeLevel;
    }
    public Prize() {
        super();
    }
    public int getPrizeId() {
        return prizeId;
    }
    public void setPrizeId(int prizeId) {
        this.prizeId = prizeId;
    }
    public String getStudentId() {
        return studentId;
    }
    public void setStudentId(String studentId) {
        this.studentId = studentId;
    }
    public Date getPrizeDate() {
        return prizeDate;
    }
    public void setPrizeDate(Date prizeDate) {
        this.prizeDate = prizeDate;
    }
    public String getPrizeName() {
        return prizeName;
    }
    public void setPrizeName(String prizeName) {
        this.prizeName = prizeName;
    }
    public String getPrizeLevel() {
        return prizeLevel;
    }
    public void setPrizeLevel(String prizeLevel) {
        this.prizeLevel = prizeLevel;
    }
}
```

（2）定义访问数据表 prize 的 Dao 类，在该类中定义方法 selectBySId()，实现通过学生的学号得到该生奖惩信息的功能。

```java
public class PrizeDao {
    //通过学生的学号得到该生的奖惩信息
    public ArrayList<Prize> selectBySId(String pid){
        ArrayList<Prize> prizes = new ArrayList<Prize>();
        Connection con = null;
        PreparedStatement pstmt = null;
        ResultSet rs = null;
        DBUtil dbUtil = new DBUtil();
        Prize prize = null;
        try{
            con = dbUtil.getConnection();
            pstmt = con.prepareStatement("select * from prize where student_id = ?");
            pstmt.setString(1, pid);
            rs = pstmt.executeQuery();
            while(rs.next()){
                prize = new Prize(rs.getString(1),rs.getString(2),rs.getDate(3),
                    rs.getString(4),rs.getString(5));
                prizes.add(prize);
            }
        }catch(Exception e){
            JOptionPane.showMessageDialog(null, "访问 prize 表失败!");
        }finally{
            try{
                if(rs!= null)
                    rs.close();
                if(pstmt!= null)
                    pstmt.close();
                if(con!= null)
                    con.close();
            }catch( Exception e){
                e.printStackTrace( );
            }
        }
        return prizes;
    }
}
```

（3）在 view 包中定义"个人奖惩"窗口。

```java
public class DisplaySelfPrize extends JFrame {
    private JTable table;
    private DefaultTableModel model;
    private JScrollPane jsp;
    private JPanel jp;
    ArrayList<Prize> sc = null;
    int rows = 0;
    Object content[][] = null;
    String title[] = {"奖惩编号","学号","奖惩时间","奖惩名称","奖惩级别"};
    public DisplaySelfPrize(User user){
```

```
            jp = new JPanel(new BorderLayout());
            model = new DefaultTableModel();
            table = new JTable(model);
            jsp = new JScrollPane(table);
            this.add(jp);
            jp.add(jsp,BorderLayout.CENTER);
            PrizeDao sd = new PrizeDao();
            sc = sd.SelectById(user.getUserId());
            rows = sc.size();
            setTableContent(rows);
            this.setTitle("个人奖惩");
            this.setSize(600, 400);
            this.setLocationRelativeTo(null);
        }
        private void setTableContent(int rows) {
            content = new Object[rows][5];
            int i = 0;
            for(Prize s1:sc){
                content[i][0] = s1.getPrizeId();
                content[i][1] = s1.getStudentId();
                content[i][2] = s1.getPrizeDate();
                content[i][3] = s1.getPrizeName();
                content[i][4] = s1.getPrizeLevel();
                i++;
            }
            model.setDataVector(content, title);
        }
    }
```

（4）修改 MainFrame 窗口，在构造方法中添加如下代码，实现菜单项"查看个人奖惩信息"的事件处理。

```
displaySelfPrize.addActionListener(new ActionListener() {
    public void actionPerformed(ActionEvent e) {
        DisplaySelfPrize f = new DisplaySelfPrize(user);
        f.setVisible(true);
    }
});
```

十六、"查询 /修改 /删除奖惩信息"菜单项功能实现

1. 实现思路

当单击"查询/修改/删除奖惩信息"菜单项时，应该调出如图 3-67 所示的窗口。为了更便捷地管理学生的奖惩信息，这里将查询、修改、删除功能集于一个窗口中实现。

（1）查询功能。该窗口默认显示所有学生的奖惩信息。在该窗口中可以实现如图 3-68～图 3-70 所示的按学号查询、按奖惩名称查询以及按奖惩级别查询。

（2）修改功能。选择要修改的行，双击单元格进行内容修改，修改完后按 Enter 键，然后单击"修改"按钮完成修改功能。

注意，不能修改奖惩编号和学号。

（3）删除功能。选择要删除的行，然后单击"删除"按钮即可。

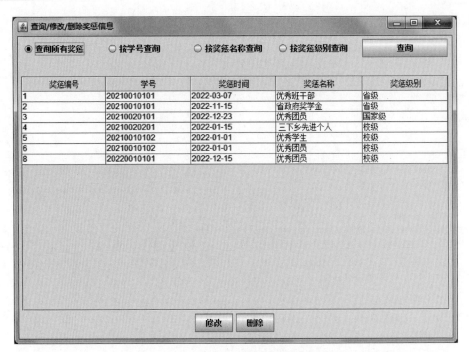

图 3-67 "查询/修改/删除奖惩信息"窗口

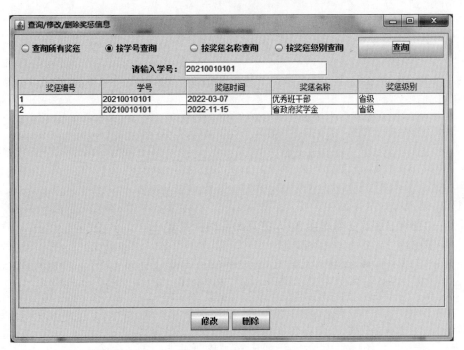

图 3-68 按学号查询

2. 代码实现

(1) 修改 PrizeDao 类,添加 getAllPrizes()方法,查询所有奖惩信息。

```
public ArrayList<Prize> getAllPrizes(){
    ArrayList<Prize> prizes = new ArrayList<Prize>();
```

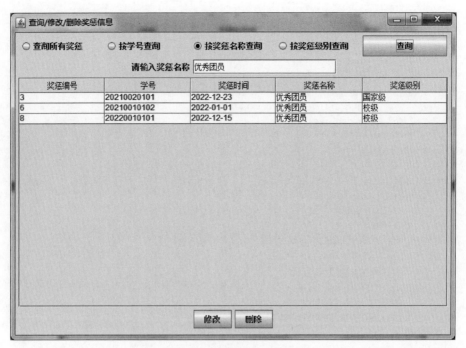

图 3-69　按奖惩名称查询

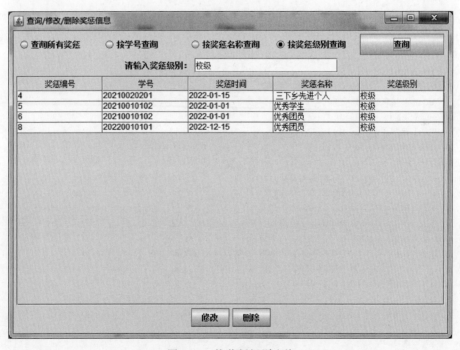

图 3-70　按奖惩级别查询

```
Connection con = null;
PreparedStatement pstmt = null;
ResultSet rs = null;
DBUtil dbUtil = new DBUtil();
Prize prize = null;
```

```java
        try{
            con = dbUtil.getConnection();
            pstmt = con.prepareStatement("select * from prize");
            rs = pstmt.executeQuery();
            while(rs.next()){
                prize = new Prize(rs.getString(1),rs.getString(2),rs.getDate(3),
                    rs.getString(4),rs.getString(5));
                prizes.add(prize);
            }
        }catch(Exception e){
            JOptionPane.showMessageDialog(null, "访问 prize 表失败!");
        }finally{
            try{
                if(rs!= null)
                    rs.close();
                if(pstmt!= null)
                    pstmt.close();
                if(con!= null)
                    con.close();
            }catch( Exception e){
                e.printStackTrace( );
            }
        }
        return prizes;
    }
```

(2) 修改 PrizeDao 类,添加 selectByName()方法,按奖惩名称查询。

```java
public ArrayList< Prize > selectByName(String name) {
    ArrayList< Prize > prizes = new ArrayList< Prize >();
    Connection con = null;
    PreparedStatement pstmt = null;
    ResultSet rs = null;
    DBUtil dbUtil = new DBUtil();
    Prize prize = null;
    try{
        con = dbUtil.getConnection();
        pstmt = con.prepareStatement("select * from prize where prize_name = ?");
        pstmt.setString(1,name);
        rs = pstmt.executeQuery();
        while(rs.next()){
            prize = new Prize(rs.getString(1),rs.getString(2),rs.getDate(3),
                rs.getString(4),rs.getString(5));
            prizes.add(prize);
        }
    }catch(Exception e){
        JOptionPane.showMessageDialog(null, "访问 prize 表失败!");
    }finally{
        try{
            if(rs!= null)
                rs.close();
            if(pstmt!= null)
                pstmt.close();
            if(con!= null)
                con.close();
```

```java
            }catch( Exception e){
                e.printStackTrace( );
            }
        }
        return prizes;
    }
```

(3) 修改 PrizeDao 类，添加 selectByLevel()方法，按奖惩级别查询。

```java
public ArrayList<Prize> selectByLevel(String level) {
    ArrayList<Prize> prizes = new ArrayList<Prize>();
    Connection con = null;
    PreparedStatement pstmt = null;
    ResultSet rs = null;
    DBUtil dbUtil = new DBUtil();
    Prize prize = null;
    try{
        con = dbUtil.getConnection();
        pstmt = con.prepareStatement("select * from prize where prize_level = ?");
        pstmt.setString(1, level);
        rs = pstmt.executeQuery();
        while(rs.next()){
            prize = new Prize(rs.getString(1), rs.getString(2), rs.getDate(3),
                rs.getString(4), rs.getString(5));
            prizes.add(prize);
        }
    }catch(Exception e){
        JOptionPane.showMessageDialog(null, "访问 prize 表失败!");
    }finally{
        try{
            if(rs!= null)
                rs.close();
            if(pstmt!= null)
                pstmt.close();
            if(con!= null)
                con.close();
        }catch( Exception e){
            e.printStackTrace( );
        }
    }
    return prizes;
}
```

(4) 修改 PrizeDao 类，添加 modifyPrize()方法，按奖惩编号和学号修改获奖信息。

```java
public boolean modifyPrize(int pid, String sid, Date pd, String pn, String pl){
    boolean bool = false;
    Connection con = null;
        PreparedStatement pstmt = null;
        DBUtil dbUtil = new DBUtil();
        try{
            con = dbUtil.getConnection();
            pstmt = con.prepareStatement("update prize set prize_date = ?, prize_name = ?,
                    prize_level = ? where prize_id = ? and student_id = ?");
            pstmt.setDate(1, pd);
            pstmt.setString(2, pn);
```

```java
                pstmt.setString(3,pl);
                pstmt.setInt(4,pid);
                pstmt.setString(5,sid);
                int n = pstmt.executeUpdate();
                if(n > 0)
                    bool = true;
        }catch(Exception e){
                e.printStackTrace();
        }finally{
                try{
                    if(pstmt!= null)
                        pstmt.close();
                    if(con!= null)
                        con.close();
                }catch( Exception e){
                    e.printStackTrace( );
                }      }
            return bool;
        }
```

(5) 修改 PrizeDao 类,添加 deleteByPId()方法,按编号删除奖惩记录。

```java
public boolean deleteByPId(int Pid){
    boolean bool = false;
    Connection con = null;
    PreparedStatement pstmt = null;
    ResultSet rs = null;
    DBUtil dbUtil = new DBUtil();
    try{
      con = dbUtil.getConnection();
      pstmt = con.prepareStatement("delete from PRIZE where prize_id = ? ");
      pstmt.setInt(1, Pid);
      int n = pstmt.executeUpdate();
      if(n > 0)
          bool = true;
    }catch(Exception e){
          JOptionPane.showMessageDialog(null, "访问 prize 表失败!");
    }finally{
          try{
              if(rs!= null)
                  rs.close();
              if(pstmt!= null)
                  pstmt.close();
              if(con!= null)
                  con.close();
          }catch( Exception e){
              e.printStackTrace( );
          }
      }
     return bool;
}
```

(6) 在 view 包中定义"查询/修改/删除奖惩信息"窗口。

```java
public class selectModifyDeletePrize extends JFrame {
    private JPanel jp1,jp11,jp12,jp2,jp3;
```

```java
    private JRadioButton selectById,selectByName,selectByLevel,selectAll;
    private ButtonGroup bg;
    private JLabel lblSId,lblName,lblLevel;
    private JTextField txtSId;
    private JTextField name,level;
    private DefaultTableModel model;
    private JTable table;
    private JScrollPane sp;
    private JButton ok;                    //查询按钮
    private JButton modify;                //修改按钮
    private JButton del;                   //删除按钮
    int rows = 0;
    ArrayList<Prize> prizes = null;
    PrizeDao sd = new PrizeDao();
    Object content[][] = null;
    String title[] = {"奖惩编号","学号","奖惩时间","奖惩名称","奖惩级别"};
    public selectModifyDeletePrize(){
        setTitle("查询/修改/删除奖惩信息");
        jp1 = new JPanel();
        jp1.setLayout(new GridLayout(2,1));
        jp11 = new JPanel(new GridLayout(1,5));
        jp12 = new JPanel();
        jp2 = new JPanel();
        jp3 = new JPanel();
        jp3.setBorder(new EmptyBorder(5,5,5,5));
        jp3.setLayout(new BorderLayout(0,0));
        bg = new ButtonGroup();
        selectAll = new JRadioButton("查询所有奖惩",true);
        selectById = new JRadioButton("按学号查询");
        selectByName = new JRadioButton("按奖惩名称查询");
        selectByLevel = new JRadioButton("按奖惩级别查询");
        bg.add(selectAll);
        bg.add(selectById);
        bg.add(selectByName);
        bg.add(selectByLevel);
        ok = new JButton("查询");
        modify = new JButton("修改");
        del = new JButton("删除");
        jp11.add(selectAll);
        jp11.add(selectById);
        jp11.add(selectByName);
        jp11.add(selectByLevel);
        jp11.add(ok);
        jp1.add(jp11);
        lblSId = new JLabel("请输入学号:");
        txtSId = new JTextField(20);
        lblLevel = new JLabel("请输入奖惩级别:");
        lblName = new JLabel("请输入奖惩名称");
        level = new JTextField(20);
        name = new JTextField(20);
        jp12.add(lblSId);
        jp12.add(txtSId);
        jp12.add(lblLevel);
        jp12.add(level);
```

```java
        jp12.add(lblName);
        jp12.add(name);
        jp1.add(jp12);
        //窗口初始化时默认查询所有奖惩信息,以下控件不显示
        lblSId.setVisible(false);
        txtSId.setVisible(false);
        lblName.setVisible(false);
        name.setVisible(false);
        lblLevel.setVisible(false);
        level.setVisible(false);
        //将"修改""删除"按钮添加到 jp2 中
        jp2.add(modify);
        jp2.add(del);
        model = new DefaultTableModel();
        table = new JTable(model);
        table.setSelectionMode(ListSelectionModel.SINGLE_SELECTION);
        prizes = sd.getAllPrizes();
        rows = prizes.size();
        setTableContent(rows);
        sp = new JScrollPane(table);
        jp3.add(sp, BorderLayout.CENTER);
        jp3.add(jp1, BorderLayout.NORTH);
        jp3.add(jp2, BorderLayout.SOUTH);
        this.add(jp3);
        this.setSize(700, 500);
        this.setLocationRelativeTo(null);
        /**
         * 单选按钮 selectAll 的事件处理:当选中该按钮时,lblSId、txtSId、lblDepartment、
         department、lblClass、className 控件都不显示. */
         selectAll.addActionListener(new ActionListener(){
            public void actionPerformed(ActionEvent e) {
                lblSId.setVisible(false);
                txtSId.setVisible(false);
                lblLevel.setVisible(false);
                level.setVisible(false);
                lblName.setVisible(false);
                name.setVisible(false);
            }
        });
        /** 单选按钮 selectById 的事件处理:当选中该按钮时,lblSId、txtSId 显示,
         * 而 lblDepartment、department、lblClass、className 控件都不显示. */
         selectById.addActionListener(new ActionListener() {
            public void actionPerformed(ActionEvent e) {
                lblSId.setVisible(true);
                txtSId.setVisible(true);
                lblLevel.setVisible(false);
                level.setVisible(false);
                lblName.setVisible(false);
                ame.setVisible(false);
                txtSId.requestFocus();        //学号文本框获得焦点
            }  });
        //单选按钮 selectByClass 的事件处理:当选中该按钮时,lblSId、txtSId 不显示,而
        lblDepartment、department、lblClass、className 显示
         selectByName.addActionListener(new ActionListener() {
```

```java
        public void actionPerformed(ActionEvent e) {
            lblSId.setVisible(false);
            txtSId.setVisible(false);
            lblLevel.setVisible(false);
            level.setVisible(false);
            lblName.setVisible(true);
            name.setVisible(true);
    }});
    selectByLevel.addActionListener(new ActionListener(){
        public void actionPerformed(ActionEvent e) {
            lblLevel.setVisible(true);
            level.setVisible(true);
            lblSId.setVisible(false);
            txtSId.setVisible(false);
            lblName.setVisible(false);
            name.setVisible(false);
        }
    });
    //"查询"按钮的事件处理
    ok.addActionListener(new ActionListener(){
        public void actionPerformed(ActionEvent e) {
            //调用自定义方法 chaxun(),完成不同单选按钮下的查询功能
            chaxun();
    }});
    //"修改"按钮的事件处理
    modify.addActionListener(new ActionListener() {
      public void actionPerformed(ActionEvent e) {
        int index[] = table.getSelectedRows();
        if(index.length == 0)
            JOptionPane.showMessageDialog(null, "请选择要修改的行.\n注意:获奖编号和学号不允许修改");
        else{
            int k = JOptionPane.showConfirmDialog(null, "您确定要修改吗?","修改",JOptionPane.YES_NO_OPTION,JOptionPane.QUESTION_MESSAGE);
            if(k == JOptionPane.YES_OPTION){
                int id = Integer.parseInt(table.getValueAt(index[0],0).toString());
                String sId = table.getValueAt(index[0],1).toString();
                String strdate = table.getValueAt(index[0],2).toString().trim();
                Date d = Date.valueOf(strdate);
                String pname = table.getValueAt(index[0],3).toString();
                String plevel = (String)table.getValueAt(index[0],4);
                PrizeDao pd = new PrizeDao();
                boolean flag = pd.modifyPrize(id,sId,d,pname,plevel);
                if(flag)
                    JOptionPane.showMessageDialog(null, "修改成功!");
                else
                    JOptionPane.showMessageDialog(null, "修改失败!");
                //修改后重新查询,使得窗口中显示的数据能及时更新
                chaxun();
            }
        }
      }
    });
    //鼠标进入表格和修改按钮时,给出"双击单元格可进行修改.注意:奖惩编号和学号不
```

```java
            //允许修改,每次只能修改一行!"的提示
            table.setToolTipText("双击单元格可进行修改.注意:获奖编号和学号不允许修改,每次只能修改一行!");
            modify.setToolTipText("双击单元格可进行修改.注意:获奖编号和学号不允许修改,每次只能修改一行!");
        //"删除"按钮的事件处理
        del.addActionListener(new ActionListener() {
            public void actionPerformed(ActionEvent e) {
                int index[] = table.getSelectedRows();
                if(index.length == 0)
                    JOptionPane.showMessageDialog(null, "请选择要删除的信息");
                else{
                    int k = JOptionPane.showConfirmDialog(null, "您确定要删除吗?","删除",JOptionPane.YES_NO_OPTION,JOptionPane.QUESTION_MESSAGE);
                    if(k == JOptionPane.YES_OPTION){
                        int pid = Integer.parseInt((String)table.getValueAt(index[0],0));
                        PrizeDao pd = new PrizeDao();
                        boolean flag = pd.deleteByPId(pid);
                        if(flag)
                            JOptionPane.showMessageDialog(null, "删除成功!");
                        else
                            JOptionPane.showMessageDialog(null, "删除失败!");
                        //删除后重新查询,使窗口中显示的数据能及时更新
                        chaxun();
                    }
                }
            }
        });
    }
    public void setTableContent(int rows){
        content = new Object[rows][5];
        int i = 0;
        for(Prize s:prizes){
            content[i][0] = s.getPrizeId();
            content[i][1] = s.getStudentId();
            content[i][2] = s.getPrizeDate();
            content[i][3] = s.getPrizeName();
            content[i][4] = s.getPrizeLevel();
            i++;
        }
        model.setDataVector(content, title);
    }
        //自定义方法,实现不同单选按钮被选中时的查询功能
        public void chaxun() {
            if(selectAll.isSelected()){
                prizes = sd.getAllPrizes();
                rows = prizes.size();
                setTableContent(rows);
            }else if(selectById.isSelected()){
                prizes = sd.selectBySId(txtSId.getText());
                rows = prizes.size();
                setTableContent(rows);
            }else if(selectByName.isSelected()){
                String strClass = name.getText();
```

```
                prizes = sd.selectByName(strClass);
                rows = prizes.size();
            }else if(selectByLevel.isSelected()){
                prizes = sd.selectByLevel(level.getText());
                rows = prizes.size();
            }
            setTableContent(rows);
        }
    }
```

(7) 修改 MainFrame 窗口，在构造方法中添加如下代码，实现菜单项"查询/修改/删除奖惩信息"的事件处理。

```
selectModifyDeletePrize.addActionListener(new ActionListener(){
    public void actionPerformed(ActionEvent arg0) {
        SelectModifyDeletePrize s = new SelectModifyDeletePrize();
        s.setVisible(true);
    }
});
```

十七、"录入奖惩信息"菜单项功能实现

1. 实现思路

当单击"录入奖惩信息"菜单项时，应该调出如图 3-71 所示的窗口。当单击"添加"按钮时，首先检查学号、奖惩名称、奖惩级别是否都不为空，如果有一项为空，则弹出学号不能为空或奖惩名称不能为空或奖惩级别不能为空等消息提示对话框，要求重新输入。如果都不空，那么会查询 student 表，看看该学号是否存在，如果不存在，则弹出如图 3-72 所示的消息提示对话框。如果该学号存在，则会向 prize 表中添加一条奖惩信息。

图 3-71 "录入奖惩信息"窗口

图 3-72 "学号不存在"消息提示对话框

2. 代码实现

（1）修改 PrizeDao 类，添加 insertPrize()方法，实现"添加一条奖惩信息"的功能。

```
public boolean insertPrize(String sid,Date pd,String pn,String pl){
    boolean bool = false;
    Connection con = null;
    PreparedStatement pstmt = null;
    //ResultSet rsResultSet = null;
```

```java
            DBUtil dbUtil = new DBUtil();
            try{
             con = dbUtil.getConnection();
             pstmt = con.prepareStatement("insert into prize (student_id,prize_date,
                 prize_name,prize_level) values(?,?,?,?)");
             pstmt.setString(1, sid);
             pstmt.setDate(2, pd);
             pstmt.setString(3, pn);
             pstmt.setString(4,pl);
             int n = pstmt.executeUpdate();
             if(n > 0)
                 bool = true;
            }catch(Exception e){
                e.printStackTrace();
             }finally{
                try{
                   if(pstmt!= null)
                       pstmt.close();
                   if(con!= null)
                       con.close();
                }catch( Exception e){
                   e.printStackTrace( );
                }
             }
            return bool;
    }
```

(2)在 view 包中定义"录入奖惩信息"窗口。

```java
public class InsertPrize extends JFrame{
    private JPanel jp;
    private JLabel lblSId,lblDate,lblName,lbllevel,lblYear,lblMonth,lblDay;
    private JTextField txtSId,txtName,txtlevel;
    private JButton btnAdd,cancel;
    private JComboBox year,day,month;
    public InsertPrize(){
       super("录入奖惩信息");
       jp = new JPanel(null);
       lblSId = new JLabel("学号:");
       lblDate = new JLabel("奖惩时间:");
       lblName = new JLabel("奖惩名称:");
       lbllevel = new JLabel("奖惩级别:");
       txtSId = new JTextField(10);
       lblYear = new JLabel("年");
       lblMonth = new JLabel("月");
       lblDay = new JLabel("日");
       txtName = new JTextField(12);
       txtlevel = new JTextField(12);
       btnAdd = new JButton("添加");
       cancel = new JButton("取消");
       this.add(jp);
       jp.add(lblSId);
       jp.add(txtSId);
       jp.add(lblDate);
```

```java
String s1[] = {"2007","2008","2009","2010","2011","2012","2013","2014","2015",
        "2016","2017","2018","2019","2020","2021","2022","2023","2024","2025",
        "2026"};
year = new JComboBox(s1);
String s2[] = {"01","02","03","04","05","06","07","08","09","10","11","12"};
month = new JComboBox(s2);
String s3[] = {"01","02","03","04","05","06","07","08","09","10","11","12","13","14",
       "15","16","17","18","19","20","21","22","23","24","25","26","27","28",
       "29","30","31"};
day = new JComboBox(s3);
jp.add(year);
jp.add(lblYear);
jp.add(month);
jp.add(lblMonth);
jp.add(day);
jp.add(lblDay);
jp.add(lblName);
jp.add(txtName);
jp.add(lbllevel);
jp.add(txtlevel);
jp.add(btnAdd);
jp.add(cancel);
lblSId.setBounds(50, 70, 100, 15);
lblDate.setBounds(50, 120, 100, 15);
lblName.setBounds(50,170,100,15);
lbllevel.setBounds(50,220,100,15);
txtSId.setBounds(150, 70, 210, 21);
year.setBounds(150, 120, 60, 21);
lblYear.setBounds(210, 120, 30, 21);
month.setBounds(240, 120, 40, 21);
lblMonth.setBounds(280, 120, 30, 21);
day.setBounds(310, 120, 40, 21);
lblDay.setBounds(350, 120, 30, 21);
txtName.setBounds(150,170,210,21);
txtlevel.setBounds(150,220,210,21);
btnAdd.setBounds(100, 270, 100, 21);
cancel.setBounds(230, 270, 100, 21);
txtSId.requestFocus();                    //将光标置于"学号"文本框
this.setSize(420,350);
setLocationRelativeTo(null);              //居中
setResizable(false);
btnAdd.addActionListener(new ActionListener(){
    public void actionPerformed(ActionEvent e) {
        if("".equals(txtSId.getText())){
            JOptionPane.showMessageDialog(InsertPrize.this.btnAdd, "学号不为空");
            txtSId.requestFocus();
        }else if("".equals(txtName.getText())){
            JOptionPane.showMessageDialog(InsertPrize.this.btnAdd, "奖惩名称不为空");
            xtName.requestFocus();
        }
        else if("".equals(txtlevel.getText())){
            JOptionPane.showMessageDialog(InsertPrize.this.btnAdd, "奖惩级别不为空");
            txtlevel.requestFocus();
```

```java
        }else {
            StudentDao sd = new StudentDao();
            Student s = sd.selectBySId(txtSId.getText());
            if (s != null) {
                PrizeDao p = new PrizeDao();
                String sid = txtSId.getText();
                String strYear = (String)year.getSelectedItem();
                String strMonth = (String)month.getSelectedItem();
                String strDay = (String)day.getSelectedItem();
                Date pd = Date.valueOf(strYear + "-" + strMonth + "-" + strDay);
                String pn = txtName.getText();
                String pl = txtlevel.getText();
                boolean i = p.insertPrize(sid,pd,pn,pl);
                if(i == true)
                    JOptionPane.showMessageDialog(null, "添加成功","提示",
                        JOptionPane.INFORMATION_MESSAGE);
                else
                    JOptionPane.showMessageDialog(null, "添加失败","提示",
                        JOptionPane.WARNING_MESSAGE);
            }else{
                JOptionPane.showMessageDialog(null, "学号不存在","提示",
                    JOptionPane.INFORMATION_MESSAGE);
            }}}});
    cancel.addActionListener(new ActionListener(){
        public void actionPerformed(ActionEvent e) {
            txtSId.setText("");
            txtName.setText("");
            txtlevel.setText("");
            txtSId.requestFocus();
        } });
    }
}
```

（3）修改 MainFrame 类的构造方法，添加菜单项"录入奖惩信息"的事件处理。

```java
insertPrize.addActionListener(new ActionListener() {
    public void actionPerformed(ActionEvent e) {
        InsertPrize f = new InsertPrize();
        f.setVisible(true);
    }});
```

3.6 总　　结

本项目实现了一个学生信息管理系统的一些基本功能。在实现这些功能时，用到了 Java Swing 图形用户界面编程和 JDBC 访问数据库的相关知识。希望读者通过本项目的训练，理解信息管理系统的实现过程。

在实现本项目的过程中，因为成绩信息管理与学生信息、课程信息管理以及奖惩信息管理实现的功能都很相似，所以在这里没有给出相应的代码，希望读者通过学习本项目，自主完成成绩信息管理的功能，以便更深入地理解并掌握信息管理系统的开发。

项目4 《俄罗斯方块》游戏的设计与实现

4.1 游戏简介

1984年6月,在俄罗斯科学院计算机中心工作的数学家帕基特诺夫利用空闲时间编出一个游戏程序,用来测试当时一种计算机的性能。帕基特诺夫爱玩拼图,从拼图游戏里得到灵感,设计出了《俄罗斯方块》游戏。1985年,他把这个程序移植到个人计算机上,《俄罗斯方块》游戏从此开始传播开来。

《俄罗斯方块》游戏是世界上较流行的休闲游戏之一。它面对的是那些没有精力或兴趣玩大型游戏的玩家,这些人需要一类简单好玩的游戏,拿起来就能进入状态,在忙碌的生活中寻求片刻放松。

该游戏看似简单却变化无穷。该游戏的基本规则是将不断下落的各种形状的方块进行移动和旋转,使之排列成完整的一行或多行,如果某一行或多行被方块充满,就将这些满行消除并且得分,没有被消除掉的方块不断堆积起来,一旦堆到屏幕顶端,玩家便告输,游戏结束。

游戏中使用键盘方向键←(左方向键)、→(右方向键)控制方块左右移动,↑(上方向键)控制方块旋转变形,↓(下方向键)加速下落。

4.2 本项目的实训目的

通过本项目的训练,培养读者学会综合运用Java Swing图形用户界面编程中的绘图知识以及利用Java提供的计时器实现动画的效果。

4.3 本项目所用到的Java相关知识

1. Java Swing 图形用户界面编程中所用到的组件

(1) JFrame 类的使用。

具体内容见项目1和项目2。

(2) JPanel 类的使用。

JPanel类为面板容器,可以加入JFrame中,它自身是一个容器,可以把其他组件加入其中,如JButton、JTextFiled等。另外也可以在它上面绘图,绘图需要重写paint()方法。

(3) paint()方法和repaint()方法。

paint()方法是JPanel类从JComponent类中继承的方法,由Swing调用,以绘制组件。

应用程序不应直接调用 paint()方法,而是应该使用 repaint()方法来安排重绘组件。此方法实际上将绘制工作委托给 3 个受保护的方法:paintComponent()、paintBorder()和 paintChildren(),按列出的顺序调用这些方法,以确保子组件出现在组件本身的顶部。一般来说,不应在分配给边框的 insets 区域绘制组件及其子组件。子类可以始终重写此方法。

2. Graphics 类的使用

Graphics 类是所有图形上下文的抽象基类,允许应用程序在组件以及闭屏图像上进行绘制。Graphics 对象封装了 Java 支持的基本呈现操作所需的状态信息。此状态信息包括以下属性:要在其上绘制的 Component 对象、呈现和剪贴坐标的转换原点、当前剪贴区、当前颜色、当前字体、当前逻辑像素操作函数(XOR 或 Paint)和当前 XOR 交替颜色。

坐标是无限细分的,并且位于输出设备的像素之间。绘制图形轮廓的操作是通过使用像素大小的画笔遍历像素间无限细分路径的操作,画笔从路径上的锚点向下和向右绘制。填充图形的操作是填充图形内部区域无限细分路径的操作。呈现水平文本的操作是呈现字符、字形完全位于基线坐标之上的上升部分的操作。

图形画笔从要遍历的路径向下和向右绘制。其含义如下。

如果绘制一个覆盖给定矩形的图形,那么该图形与填充被相同矩形所限定的图形相比,在右侧和底边多占用一行像素。

如果沿着与一行文本基线相同的 y 坐标绘制一条水平线,那么除了文字的所有下降部分外,该线完全画在文本的下面。

所有作为此 Graphics 对象方法的参数而出现的坐标,都是相对于调用该方法前的此 Graphics 对象转换原点的。

所有呈现操作仅修改当前剪贴区所限定区域内的像素,此剪贴区是由用户空间中的 Shape 指定的,并通过使用 Graphics 对象的程序来控制。此用户剪贴区被转换到设备空间中,并与设备剪贴区组合,后者是通过窗口可见性和设备范围定义的。用户剪贴区和设备剪贴区的组合定义复合剪贴区,复合剪贴区确定最终的剪贴区域。用户剪贴区不能由呈现系统修改,以反映得到的复合剪贴区。用户剪贴区只能通过 setClip()或 clipRect()方法更改。所有的绘制或写入都以当前颜色、当前绘图模式和当前字体完成。

(1)drawImage()方法。

该方法用来绘制图形图像。

(2)drawString()方法。

该方法用来绘制字符串。

(3)drawRect()方法。

该方法用来绘制指定矩形的边框。

(4)fillRect()方法。

该方法用来填充指定的矩形。

3. 菜单的使用和事件处理

具体内容参见项目 2。

4. 键盘事件的处理

键盘产生的事件都是 KeyEvent 事件,这个事件是图形用户界面应用较多的事件之一。

键盘的动作分为 3 种:按下、松开和敲击。实际上敲击是按下和松开的组合操作过程。

这 3 个动作都可以产生 KeyEvent 事件。

与 KeyEvent 事件对应的监听接口是 KeyListener 接口。因为不同的按键动作产生事件的情况不同，所以 KeyListener 接口定义了 keyPress(KeyEvent e)、keyReleased(KeyEvent e) 和 keyTyped(KeyEvent e) 3 种方法，分别响应用户按下、松开和敲击按键时的操作。

KeyEvent 事件有两种常用方法，分别是 getKeyChar() 和 getKeyCode()。其中，getKeyChar() 方法用于返回按键对应的字符。用户按下字母和数字时，多用这个方法获取数据。getKeyCode() 方法返回按键的数字编码。系统为键盘上的某些按键分配的是数字编码，如上方向键在系统中对应 KeyEvent.VK_UP 常量；下方向键在系统中对应 KeyEvent.VK_DOWN 常量；左方向键在系统中对应 KeyEvent.VK_LEFT 常量；右方向键在系统中对应 KeyEvent.VK_RIGHT 常量。

5. javax.swing.Timer 类简介

javax.swing.Timer 类是 Java Swing 图形用户界面提供的一个多线程计时器类，该类的对象在指定时间间隔触发一个或多个 ActionEvent 事件。

设置计时器的过程包括创建一个 Timer 对象，在该对象上注册一个或多个动作监听器，以及使用 start() 方法启动该计时器。

例如，以下代码创建并启动一个每秒(该时间由 Timer() 构造方法的第一个参数指定)触发一次动作事件的计时器。Timer() 构造方法的第二个参数指定接收计时器动作事件的侦听器。

```
int delay = 1000;              //毫秒
ActionListener taskPerformer = new ActionListener() {
    public void actionPerformed(ActionEvent evt) {
        ...
    }
};
new Timer(delay, taskPerformer).start();
```

构造 Timer() 方法时要指定一个延迟参数和一个 ActionListener。延迟参数用于设置初始延迟和事件触发之间的延迟(以毫秒为单位)。启动了计时器后，它将在向已注册监听器触发第一个 ActionEvent 之前等待初始延迟。第一个事件之后，每次超过事件间延迟时它都继续触发事件，直到被停止。

构造之后，可以单独更改初始延迟和事件间延迟，并且可以添加其他 ActionListener。

如果希望计时器只在第一次时触发然后停止，可以对计时器调用 setRepeats(false) 方法。

尽管所有 Timer 都使用一个共享线程(由第一个执行操作的 Timer 对象创建)执行等待，但是 Timer 的动作事件处理程序还会在其他线程(事件指派线程)上执行。这意味着 Timer 的操作处理程序可以安全地在 Swing 组件上执行操作。但是，它也意味着处理程序必须快速执行以保证 GUI 做出响应。

4.4 本项目的功能需求分析

本项目需要设计实现出如图 4-1 所示的游戏窗口。在该游戏中能使用键盘方向键 ←、→、↑、↓ 将不断产生并下落的各种形状的方块进行移动和旋转，使之排列成完整的一行或多行，如果某一行或多行被方块充满，就将这些满行消除并且得分(每消掉一行加 1 分)，没有被消除掉的方块不断堆积起来,一旦堆到屏幕顶端,玩家便告输,游戏结束。同时该游戏还应具有如图 4-2、图 4-3 所示的"游戏"菜单和"帮助"菜单,通过选择菜单项实现游戏的"新游戏、暂停、继续、退出"功能、游戏等级的选择功能以及关于游戏的使用说明。

图 4-1 《俄罗斯方块》游戏窗口

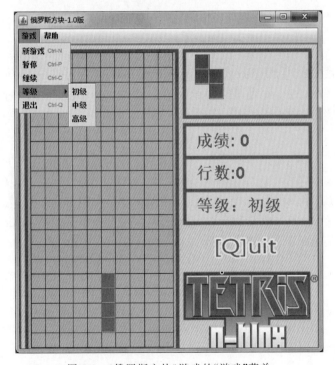

图 4-2 《俄罗斯方块》游戏的"游戏"菜单

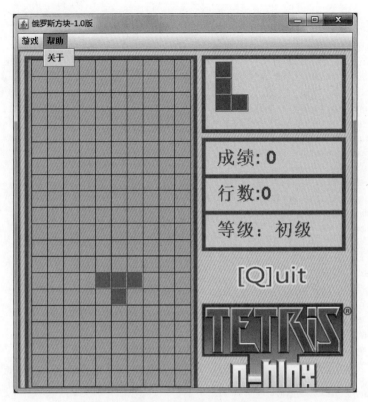

图 4-3 《俄罗斯方块》游戏的"帮助"菜单

4.5 本项目的设计方案

根据上述需求分析可知,需要首先创建一个窗口,在窗口添加一个游戏面板,在面板中展现各种方块的组合形状(一般有 7 种形状)。其中,每种形状都由 4 个小方块构成,并且每种形状通过旋转最多可以产生 4 个状态。

4.6 本项目的实现过程

要想完成本项目,需要分为两步:首先要利用 Java Swing 提供的组件创建出如图 4-1 所示的静态窗口,然后对窗口中出现的方块进行键盘事件处理以及对各个菜单项进行事件处理。

1. 搭建含有菜单的游戏主窗口

创建一个窗体类 Tetris(继承 JFrame 类),作为主程序(包含 main()方法)。
代码如下:

```
public class Tetris extends JFrame {
    //声明菜单栏、菜单、菜单项对象
    private JMenuBar bar;
    private JMenu game,help,level;
    private JMenuItem newgame,pause,goon,quit,primary, intermediate,advanced,about;
```

```java
//构造方法:初始化游戏窗口
public Tetris() {
    //创建菜单栏、菜单、菜单项对象
    bar = new JMenuBar();
    game = new JMenu("游戏");
    help = new JMenu("帮助");
    level = new JMenu("等级");
    newgame = new JMenuItem("新游戏");
    pause = new JMenuItem("暂停");
    goon = new JMenuItem("继续");
    quit = new JMenuItem("退出");
    primary = new JMenuItem("初级");
    intermediate = new JMenuItem("中级");
    advanced = new JMenuItem("高级");
    about = new JMenuItem("关于");
    //将菜单添加到菜单栏中,菜单项和二级菜单添加到相应菜单中
    bar.add(game);
    bar.add(help);
    game.add(newgame);
    game.add(pause);
    game.add(goon);
    game.add(level);
    game.add(quit);
    level.add(primary);
    level.add(intermediate);
    level.add(advanced);
    help.add(about);
    this.setJMenuBar(bar);
    //给各菜单项添加快捷键
    newgame.setAccelerator(KeyStroke.getKeyStroke(KeyEvent.VK_N,
            ActionEvent.CTRL_MASK));
    pause.setAccelerator(KeyStroke.getKeyStroke(KeyEvent.VK_P,
            ActionEvent.CTRL_MASK));
    goon.setAccelerator(KeyStroke.getKeyStroke(KeyEvent.VK_C,
            ActionEvent.CTRL_MASK));
    quit.setAccelerator(KeyStroke.getKeyStroke(KeyEvent.VK_Q,
            ActionEvent.CTRL_MASK));
    this.setTitle("俄罗斯方块 - 1.0 版");        //设置窗口的标题
    this.setSize(540, 580);                    //设置窗口的大小
    this.setLocationRelativeTo(null);          //居中
    this.setDefaultCloseOperation(JFrame.EXIT_ON_CLOSE);    //关闭窗口时,立即关闭软件
    this.setVisible(true);
}
//main()方法 -- 程序的入口
public static void main(String[] args) {
    Tetris f = new Tetris();
}
}
```

运行该程序,将会得到如图 4-4 所示的含有菜单的静态主窗口。

2. 定义游戏面板类 TetrisPanel

该类用于实现游戏界面,在其中能及时画出游戏的过程,因此该类应继承 JPanel 类,并且重写 paint() 方法。

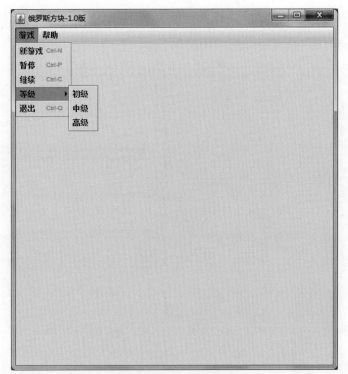

图 4-4 含有菜单的静态主窗口

代码如下：

```java
public class TetrisPanel extends JPanel{
    //定义游戏背景图片对象
    BufferedImage bg;
    //构造方法
    public TetrisPanel() {
        try {//读取背景图片给 bg 变量:bg.png 图片文件存放在项目根目录下
            bg = ImageIO.read(new File("bg.png"));
        } catch (IOException e) {
            //TODO Auto-generated catch block
            e.printStackTrace();
        }
    }
    //重写 paint()方法
    public void paint(Graphics g) {
        g.drawImage(bg, 0, 0, null);
    }
}
```

3. 向主窗口内添加一个游戏面板对象

（1）在 Tetris 类中定义游戏面板 TetrisPanel 的对象。

```
TetrisPanel tpanel;                    //定义游戏面板对象
```

（2）在构造方法中创建 TetrisPanel 对象 tpanel。

```
tpanel = new TetrisPanel();
```

（3）在构造方法中将 tpanel 对象添加到主窗口中。

```
this.add(tpanel);
```

这时运行程序会得到如图 4-5 所示的有背景的主窗口。

图 4-5 添加背景的主窗口

4. 搭建游戏的屏幕墙

分析：游戏墙可以看作一个由 20 行、10 列的网格组成的二维数组，存储已经放下的小方块，行在 y 轴方向上，列在 x 轴方向上。其中，0 表示空白，1 表示有小方块。

(1) 在游戏面板 TetrisPanel 类中定义游戏墙对象。

int wall[][];

(2) 在构造方法中创建游戏墙对象。

wall = new int[10][20];   //行在 y 轴方向上，列在 x 轴方向上

(3) 在屏幕上画出屏幕墙的网格线。

首先定义方法 paintWallGrid(g)，实现画网格线的功能。

代码如下：

```
public void paintWallGrid(Graphics g) {
    for (int i = 0; i < wall.length; i++) {
        for (int j = 0; j < wall[i].length; j++) {
            //每个小方格的宽和高是 25，为了与背景图片相吻合，每个小方格都向右偏
            //移 20 像素，向下偏移 15 像素
            g.drawRect(i * 25 + 20, j * 25 + 15, 25, 25);
        }
    }
}
```

然后在 paint() 方法中调用该方法。

paintWallGrid(g);   //画出游戏墙的网格

此时运行该游戏,会得到如图 4-6 所示的画有网格线的主窗口。

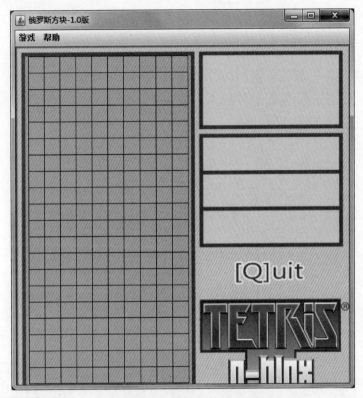

图 4-6 画有网格线的主窗口

5. 画出游戏主窗口右侧的成绩、消除的行数、游戏等级等内容

定义方法 paintScore(Graphics g),实现绘制主窗口右侧的成绩、消除的行数、控制游戏的按钮等功能。

首先,由于该方法中要绘制游戏目前消去的行数、得到的成绩以及游戏等级,因此需要在游戏面板中定义如下变量。

```
//定义存放成绩的变量和消去行数的变量
private int score;
private int lines;
//定义存放等级的变量
private String level = "初级";
```

其次,定义方法 paintScore(Graphics g),代码如下:

```
public void paintScore(Graphics g) {
    Font f = getFont();
    Font font = new Font(f.getName(), Font.BOLD, 28);
    g.setColor(new Color(0x667799));           //设置颜色
    g.setFont(font);                            //设置字体
    String str = "成绩: " + this.score;
    g.drawString(str, 12 * 25 + 10, 7 * 25);    // 绘制字符串
```

```
    str = "行数:" + this.lines;
    g.drawString(str, 12 * 25 + 10, 7 * 25 + 55);
    str = "等级:  " + level;
    drawString(str, 12 * 25 + 10,7 * 25 + 55 + 55);
}
```

最后,在 paint()方法中调用 paintScore(Graphics g)方法。

paintScore(g);   //画出游戏的成绩等内容

此时运行该游戏,会得到如图 4-7 所示的画有网格线和成绩等信息的主窗口。

图 4-7　画有网格线和成绩等信息的主窗口

6. 搭建存储游戏方块的数学模型

分析:目前常见的俄罗斯方块拥有 7 种形状,分别用字母 I、S、Z、J、O、L、T 表示,每种形状逆时针转动一下就会形成一个新的状态,所以每种形状最多可以有 4 种状态。每种形状都由不同的小方块组成,在屏幕上只需显示必要的小方块就可以表现出各种形状。

(1) 使用 4×4 的矩阵表示一个方块形状的一种状态(1 表示当前位置有小方块,0 表示没有)。

(2) 使用 4×4×4 的矩阵表示一个方块形状的 4 种状态。

(3) 使用 7×4×4×4 的矩阵表示 7 个方块形状的 4 种状态。

由于数组的维数越多,数据处理就越复杂,为了使程序处理起来简单一些,可以将 4×4×4 的矩阵定义为 4×16 的矩阵,因此可以将上述 4 维数组简化为 7×4×16 的 3 维数组。

首先定义存储方块的 3 维数组。

```java
int shapes[][][];
```

然后在构造方法中创建该 3 维数组。

```java
shapes = new int[][][] {
        //存储长条 I 形状的 4 种状态:1 表示当前位置有小方块,0 表示没有
        { { 0, 0, 0, 0, 1, 1, 1, 1, 0, 0, 0, 0, 0, 0, 0, 0 },
          { 0, 1, 0, 0, 0, 1, 0, 0, 0, 1, 0, 0, 0, 1, 0, 0 },
          { 0, 0, 0, 0, 1, 1, 1, 1, 0, 0, 0, 0, 0, 0, 0, 0 },
          { 0, 1, 0, 0, 0, 1, 0, 0, 0, 1, 0, 0, 0, 1, 0, 0 } },
        //S 形状
        { { 0, 1, 1, 0, 1, 1, 0, 0, 0, 0, 0, 0, 0, 0, 0, 0 },
          { 1, 0, 0, 0, 1, 1, 0, 0, 0, 1, 0, 0, 0, 0, 0, 0 },
          { 0, 1, 1, 0, 1, 1, 0, 0, 0, 0, 0, 0, 0, 0, 0, 0 },
          { 1, 0, 0, 0, 1, 1, 0, 0, 0, 1, 0, 0, 0, 0, 0, 0 } },
        //Z 形状
        { { 1, 1, 0, 0, 0, 1, 1, 0, 0, 0, 0, 0, 0, 0, 0, 0 },
          { 0, 1, 0, 0, 1, 1, 0, 0, 1, 0, 0, 0, 0, 0, 0, 0 },
          { 1, 1, 0, 0, 0, 1, 1, 0, 0, 0, 0, 0, 0, 0, 0, 0 },
          { 0, 1, 0, 0, 1, 1, 0, 0, 1, 0, 0, 0, 0, 0, 0, 0 } },
        //J 形状
        { { 0, 1, 0, 0, 0, 1, 0, 0, 1, 1, 0, 0, 0, 0, 0, 0 },
          { 1, 0, 0, 0, 1, 1, 1, 0, 0, 0, 0, 0, 0, 0, 0, 0 },
          { 1, 1, 0, 0, 1, 0, 0, 0, 1, 0, 0, 0, 0, 0, 0, 0 },
          { 1, 1, 1, 0, 0, 0, 1, 0, 0, 0, 0, 0, 0, 0, 0, 0 } },
        //O 形状
        { { 1, 1, 0, 0, 1, 1, 0, 0, 0, 0, 0, 0, 0, 0, 0, 0 },
          { 1, 1, 0, 0, 1, 1, 0, 0, 0, 0, 0, 0, 0, 0, 0, 0 },
          { 1, 1, 0, 0, 1, 1, 0, 0, 0, 0, 0, 0, 0, 0, 0, 0 },
          { 1, 1, 0, 0, 1, 1, 0, 0, 0, 0, 0, 0, 0, 0, 0, 0 } },
        //L 形状
        { { 1, 0, 0, 0, 1, 0, 0, 0, 1, 1, 0, 0, 0, 0, 0, 0 },
          { 1, 1, 1, 0, 1, 0, 0, 0, 0, 0, 0, 0, 0, 0, 0, 0 },
          { 1, 1, 0, 0, 0, 1, 0, 0, 0, 1, 0, 0, 0, 0, 0, 0 },
          { 0, 0, 1, 0, 1, 1, 1, 0, 0, 0, 0, 0, 0, 0, 0, 0 } },
        //T 形状
        { { 0, 1, 0, 0, 1, 1, 1, 0, 0, 0, 0, 0, 0, 0, 0, 0 },
          { 0, 1, 0, 0, 1, 1, 0, 0, 0, 1, 0, 0, 0, 0, 0, 0 },
          { 1, 1, 1, 0, 0, 1, 0, 0, 0, 0, 0, 0, 0, 0, 0, 0 },
          { 0, 1, 0, 0, 1, 1, 0, 0, 1, 0, 0, 0, 0, 0, 0, 0 } }
};
```

在游戏过程中,需要有当前方块不断下落,下一方块等待,一旦当前方块不能继续下落,则下一方块会成为当前方块,同时再生成下一方块。因为每种方块的形状和状态都已经存储到数组 shapes 中,所以只要得到当前方块和下一方块在数组中的存储位置,就能画出当前方块和下一方块。

7. 生成当前方块和下一方块的形状代号、旋转状态以及当前方块的初始位置

定义 newBlock()方法,生成当前方块和下一方块的形状代号、旋转状态以及当前方块的初始位置。

分析:在该方法中判断是否已有下一方块,如果没有则同时随机生成当前方块和下一方块的形状代号与旋转状态;如果已经有下一方块,则将已有的方块作为当前新方块,再随机生成下一方块的形状代号和旋转状态。

其中形状代号为 0~6：0—I，1—S，2—Z，3—J，4—O，5—L，6—T。

旋转状态为 0~3：0—初始方块；1—旋转 1 次后的方块；2—旋转两次后的方块；3—旋转 3 次后的方块。

为了存储当前方块和下一方块的形状代号和旋转状态以及当前方块的初始位置，在 TetrisPanel 类中需要定义如下变量。

（1）定义存储当前方块的形状代号和状态的变量。

```
int blockType,turnState;
```

（2）定义存储下一方块的形状代号和状态的变量。

```
int nextBlockType = -1,nextTurnState = -1;
```

（3）定义存储当前方块位置的变量。

```
int x,y;
```

（4）定义 newBlock()方法。

```java
public void newBlock() {
    Random r = new Random();
    //如果没有下一方块
    if (nextBlockType == -1 && nextTurnState == -1) {
        blockType = r.nextInt(7);
        turnState = r.nextInt(4);
        nextBlockType = r.nextInt(7);
        nextTurnState = r.nextInt(4);
    } else {
        blockType = nextBlockType;
        turnState = nextTurnState;
        nextBlockType = r.nextInt(7);
        nextTurnState = r.nextInt(4);
    }
    //当前方块的出场位置
    x = 4;
    y = 0;
}
```

（5）在 TetrisPanel 的构造方法中，调用 newBlock()方法生成当前方块和下一方块的形状与旋转状态。

8．画出当前方块

（1）定义画出当前方块的方法。

```java
public void paintCurrentBlock(Graphics g) {
    for (int i = 0; i < 16; i++) {
        if (shapes[blockType][turnState][i] == 1) {
            g.setColor(Color.MAGENTA);
            g.fillRect((i % 4 + x) * 25 + 21, (i / 4 + y) * 25 + 16,
                    23, 23);
            g.setColor(Color.red);
            g.drawRect((i % 4 + x) * 25 + 20, (i / 4 + y) * 25 + 15,
                    25, 25);
        }
    }
}
```

(2) 在 paint()方法中调用该方法,画出当前方块。

```
paintCurrentBlock(g);
```

9. 画出下一方块

(1) 定义画出下一个方块的方法。

```
public void paintNextBlock(Graphics g) {
    for (int i = 0; i < 16; i++) {
        if (shapes[nextBlockType][nextTurnState][i] == 1) {
            g.setColor(Color.BLUE);
            g.fillRect(i % 4 * 25 + 12 * 25 + 10, i / 4 * 25 + 20,
                    23, 23);
            g.setColor(Color.red);
            g.drawRect(i % 4 * 25 + 12 * 25 + 9, i / 4 * 25 + 19,
                    25, 25);
        }
    }
}
```

(2) 在 paint()方法中调用该方法,画出下一方块。

```
paintNextBlock(g);
```

10. 画出已经固定在墙上的方块

(1) 定义画出墙上方块的方法。

```
public void paintWall(Graphics g) {
    for (int i = 0; i < wall.length; i++) {
        for (int j = 0; j < wall[i].length; j++) {
            if (wall[i][j] == 1) {
                g.setColor(Color.BLUE);
                g.fillRect(i * 25 + 21, j * 25 + 16, 23, 23);
                g.setColor(Color.red);
                g.drawRect(i * 25 + 20, j * 25 + 15, 25, 25);
            }
        }
    }
}
```

(2) 在 paint()方法中调用该方法,画出已经固定在墙上的方块。

```
paintWall(g);
```

运行该游戏,此时会得到如图 4-8 所示的画出当前方块和下一方块的窗口。
该窗口中虽然画出了当前方块和下一方块,但当前方块是静止的。
那么如何让当前方块动起来呢?

11. 当前方块下移

这里利用 javax.swing.Timer 类实现当前方块下移的效果。

(1) 在 TetrisPane 类中定义定时器变量。

```
Timer timer;
```

(2) 定义定时器监听类 TimerListener(作为 TetrisPanel 类的内部类),实现 ActionListener 接口。

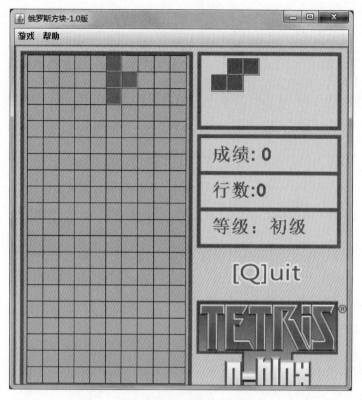

图 4-8　画出当前方块和下一方块的窗口

```
class TimerListener implements ActionListener {
        public void actionPerformed(ActionEvent e) {
            y = y + 1;                          //下落一格
            repaint();                          //屏幕重绘
        }
}
```

(3) 在 TetrisPanel 类的构造方法中创建定时器,每隔 0.5s 触发一次。

`timer = new Timer(500, new TimerListener());`

(4) 启动定时器。

`timer.start();`

此时运行该程序,发现当前方块能定时向下移动了,但下落到屏幕的最低端时消失了,方块并没有留到游戏墙上。

那么如何控制方块下落的过程呢?

12. 当前方块下落流程设计

分析:当前方块下落前,应先判断还能不能下落,如果当前方块已经移动到区域最下方或是落到其他方块上无法移动时,就应该将当前方块固定在该处(即放到屏幕墙上);接着判断有没有出现满行,如果有满行,则消除满行并统计得分,然后产生新的方块出现在游戏区域的上方并开始下落。

(1) 判断当前方块能否继续下落。

```java
public boolean canDrop() {
        for (int i = 0; i < 4; i++) {
            for (int j = 0; j < 4; j++) {
                if ((shapes[blockType][turnState][i * 4 + j] == 1
                        && y + i < 19 && wall[x + j][y + i + 1] == 1)
                        ||(shapes[blockType][turnState][i * 4 + j] == 1
                            && y + i == 19))
                                    //当前方块和墙上的方块重合或到底部
                    return false;
            }
        }
        return true;
}
```

（2）当前方块不能下落时，将方块固定到墙上。

```java
public void landToWall() {
      for (int i = 0; i < 4; i++) {
          for (int j = 0; j < 4; j++) {
              if (shapes[blockType][turnState][i * 4 + j] == 1)
                  wall[x + j][y + i] = 1;
          }
      }
}
```

（3）消去满行并得分。

```java
public void deleteLine() {
  for (int i = 0; i < 20; i++) {
      int n = 0;
      for (int j = 0; j < 10; j++) {
          if (wall[j][i] == 1)
              n++;
      }
      if (n == 10) {
          score++;                        //统计得分
          //上方的方块下移
          for (int a = i; a > 0; a--) {
              for (int b = 0; b < 10; b++) {
                  wall[b][a] = wall[b][a - 1];
              }
          }
      }
  }
}
```

（4）修改定时器监听类中的actionPerformed()方法，控制方块下落的流程，即让方块在能下落的情况下下落一格，如果不可以下落，则固定当前方块，并消去满行，同时产生新的当前方块。

```java
public void actionPerformed(ActionEvent e) {
  if (canDrop()) {                        //如果当前方块可以下落
      y = y + 1;
  } else {                                //固定当前方块,消去满行,产生新的方块
      landToWall();
```

```
        deleteLine();
        newBlock();
    }
    repaint();                              //屏幕重绘
}
```

至此,运行该游戏,得到如图 4-9 所示的效果,说明该游戏实现了当前方块下落过程的控制。

图 4-9 能控制当前方块下落的窗口

现在虽然能控制当前方块的下落过程,但是这种下落只是计时器触发的,用户无法干预。实际的游戏过程应该是用户能通过键盘方向键←、→控制方块左右移动、↑控制方块旋转变形、↓加速下落,以达到消除满行和计分的功能。

13. 当前方块左右移动和旋转控制设计

分析：如果要想用键盘方向键←、→、↑、↓来控制方块的移动,首先游戏面板应实现键盘接口 KeyListener,然后重写该接口中的 keyPressed() 方法,实现键盘的如下操作。

方向键↑：方块逆时针旋转 90°。

方向键↓：方块下移一格。

方向键←：方块向左移一格。

方向键→：方块向右移一格。

因为 KeyListener 接口中有 3 种抽象方法,所以另外两种抽象方法虽然没有作用,但也要实现出来。

代码如下:

```java
public class TetrisPanel extends JPanel implements KeyListener{
    //其他代码省略
    //重写 keyPressed()方法
    public void keyPressed(KeyEvent e) {
        switch (e.getKeyCode()) {
            case KeyEvent.VK_LEFT:
                x--;
                repaint();
                break;
            case KeyEvent.VK_RIGHT:
                x++;
                repaint();
                break;
            case KeyEvent.VK_UP:
                if (turnState == 3)
                    turnState = 0;
                else
                    turnState++;
                repaint();
                break;
            case KeyEvent.VK_DOWN:
                if (canDrop())
                    y++;
                else {
                    landToWall();
                    deleteLine();
                    newBlock();
                }
                repaint();
                break;
            default:
                break;
        }
    }
    public void keyTyped(KeyEvent e) {

    }
    public void keyReleased(KeyEvent e) {

    }
}
```

这时,TetrisPanel 既是游戏面板,又是键盘监听类,只需要在主窗口的构造方法中添加键盘监听即可。代码如下:

```java
this.addKeyListener(tpanel);
```

此时,运行该游戏程序,键盘的上、下、左、右方向键能操控当前方块了。可是还有如下问题存在:当向左、向右移动方块时,如果方块移出游戏墙,则会产生异常;当旋转方块时,也可能由于旋转出界而产生异常。下一步应着手解决这些异常问题。

14. 左移操作控制

当用户想使用左方向键向左移动方块时，应先判断当前方块能否左移，如果能左移，则让方块左移一格，否则不让方块左移。

（1）判断当前方块能否左移。

```java
public boolean canMoveLeft() {
        if (x > 0) {
            for (int i = 0; i < 4; i++) {
                for (int j = 0; j < 4; j++) {
                    if (shapes[blockType][turnState][i * 4 + j] == 1
                            && wall[x + j - 1][y + i] == 1)
                        return false;
                }
            }
            return true;
        } else if (x == 0
            && (shapes[blockType][turnState][0] == 0
            && shapes[blockType][turnState][4] == 0
            && shapes[blockType][turnState][8] == 0 && shapes[blockType][turnState][12] == 0))
            return true;
        else
            return false;
}
```

（2）修改 keyPressed(KeyEvent e)方法。

```java
case KeyEvent.VK_LEFT:
    if (canMoveLeft())
        x--;
    repaint();
    break;
```

15. 右移操作控制

当用户想使用右方向键向右移动方块时，应先判断当前方块能否右移，如果能右移，则让方块右移一格，否则不让方块右移。

（1）判断当前方块能否右移。

```java
public boolean canMoveRight() {
        if (x < 8) {
            for (int i = 0; i < 4; i++) {
                for (int j = 0; j < 4; j++) {
                    if (shapes[blockType][turnState][i * 4 + j] == 1
                            && x + j + 1 < 10 && wall[x + j + 1][y + i] == 1)
                        return false;
                }
            }
            if (x < 6) {
                return true;
            } else if (x == 6) {
                if (shapes[blockType][turnState][3] == 0
                        && shapes[blockType][turnState][7] == 0
                        && shapes[blockType][turnState][11] == 0
                        && shapes[blockType][turnState][15] == 0)
```

```
                    return true;
                else
                    return false;
            } else if (x == 7) {
                if (shapes[blockType][turnState][2] == 0
                        && shapes[blockType][turnState][6] == 0
                        && shapes[blockType][turnState][10] == 0
                        && shapes[blockType][turnState][14] == 0)
                    return true;
                else
                    return false;
            }
        }
        return false;
    }
```

（2）修改 keyPressed(KeyEvent e)方法。

```
case KeyEvent.VK_RIGHT:
    if (canMoveRight())
        x++;
    repaint();
    break;
```

16. 旋转操作控制

当用户想使用上方向键逆时针旋转方块时，应先判断当前方块能否旋转，如果能旋转，则让方块逆时针旋转 90°；否则不让方块旋转。

（1）判断当前方块能否旋转。

```
public boolean canTurn() {
    for (int i = 0; i < 4; i++) {
        for (int j = 0; j < 4; j++) {
            if (shapes[blockType][turnState][i * 4 + j] == 1)
                if (x + j < 0 || x + j > 9 || y + i > 19|| wall[x + j][y + i] == 1)
                    return false;
        }
    }
    return true;
}
```

（2）修改 keyPressed(KeyEvent e)方法。

```
caseKeyEvent.VK_UP:
    int temp = turnState;
    if (turnState == 3)
        turnState = 0;
    else
        turnState++;
    if (canTurn() == false || canDrop() == false)
        turnState = temp;
    repaint();
    break;
```

17. 结束游戏

完成到这一步,该游戏中方块的左右移动、向下移动、旋转动作都基本正常了。但是当游戏墙中存放的方块已到达顶部,新的方块不能进入游戏墙时,该游戏应该正常结束,不应再继续生成新方块,这时应该适时结束游戏。

(1) 判断游戏是否结束。

```java
public boolean gameOver() {
    if(y == 0&&!canDrop())
        return true;
    else return false;
}
```

(2) 修改定时器监听类 TimerListener 中的 actionPerformed()方法,增加如下代码:

```java
if(gameOver()){
    JOptionPane.showMessageDialog(null,"游戏结束");
    timer.stop();
}
```

至此,游戏中方块的移动、旋转、消行、计分功能都能正常使用了。通过图 4-2、图 4-3 可知,该游戏窗口中还有菜单的使用,下面实现对菜单项的事件处理。

18. 菜单项的事件处理

(1) 定义监听类。

将 Tetris 类实现 ActionListener 接口作为监听类。

代码如下:

```java
public class Tetris extends JFrame implements ActionListener{
}
```

(2) 重写 actionPerformed()方法。

```java
public void actionPerformed(ActionEvent e) {
    String str = e.getActionCommand();
    if(str.equals("新游戏"))
        tpanel.newGame();
    else if(str.equals("暂停"))
        tpanel.pauseGame();
    else if(str.equals("继续"))
        tpanel.continueGame();
    else if(str.equals("退出"))
        tpanel.quitGame();
    else if(str.equals("初级"))
        tpanel.primaryLevel();
    else if(str.equals("中级"))
        tpanel.intermediateLevel();
    else if(str.equals("高级"))
        tpanel.advancedLevel();
    else if(str.equals("关于"))
        JOptionPane.showMessageDialog(this,"方向键↑:方块逆时针旋转 90 度\n 方向键↓:方块下移一格\n 方向键←:方块向左移一格\n 方向键→:方块向右移一格\n");
}
```

注意,因为在 TetrisPanel 类中还没有定义如下方法:newGame()、pauseGame()、

continueGame()、quitGame()、primaryLevel()、intermediateLevel()、advancedLevel()，所以上述代码暂时会出现编译错误。

（3）菜单项注册监听器。

修改 Tetris 类的构造方法，增加如下代码：

```
newgame.addActionListener(this);
pause.addActionListener(this);
goon.addActionListener(this);
quit.addActionListener(this);
primary.addActionListener(this);
intermediate.addActionListener(this);
advanced.addActionListener(this);
about.addActionListener(this);
```

（4）在 TetrisPanel 类中定义 actionPerformed()方法中调用的各个方法。

修改 TetrisPanel 类，定义如下方法。

① 开始新游戏的方法。

```
public void newGame() {
  //清空游戏墙
  for (int i = 0; i < wall.length; i++)
    for (int j = 0; j < wall[i].length; j++)
        wall[i][j] = 0;
  lines = 0;
  score = 0;
  level = "初级";
  newBlock();                    //生成新方块和下一方块的形状代号和状态号
  timer.setDelay(500);           //设置 Timer 的事件间延迟为 500ms
  timer.start();                 //启动定时器
}
```

② 暂停游戏的方法。

```
public void pauseGame() {
    timer.stop();                //停止定时器
}
```

③ 继续游戏的方法。

```
public void continueGame() {
    timer.restart();             //启动定时器
}
```

④ 退出游戏的方法。

```
public void quitGame() {
    System.exit(0);              //退出系统
}
```

⑤ 设置游戏等级为初级的方法。

```
public void primaryLevel() {
    level = "初级";
    timer.setDelay(500);         //设置 Timer 的事件间延迟为 500ms
}
```

⑥ 设置游戏等级为中级的方法。

```
public void intermediateLevel() {
    level = "中级";
    timer.setDelay(300);          //设置 Timer 的事件间延迟为 300ms
}
```

⑦ 设置游戏等级为高级的方法。

```
public void advancedLevel() {
    level = "高级";
    timer.setDelay(100);          //设置 Timer 的事件间延迟为 100ms
}
```

至此,该《俄罗斯方块》游戏的各项功能都已实现,并且游戏运行正常。

4.7 总　　结

希望读者通过本项目的开发练习,熟练掌握利用 Java Swing 图形用户界面编程、键盘事件的处理过程、菜单事件的处理过程以及多线程编程开发游戏的方法。如果感兴趣,可以提出自己的想法,进一步修改、完善该游戏。

项目 5　《贪吃蛇》游戏的设计与实现

5.1　游戏简介

《贪吃蛇》游戏是一种简单的、经典的大众游戏,自从推出以来,就因其操作简单、娱乐性强而深受广大计算机玩家的喜爱。该游戏的基本规则是利用方向键来改变蛇的运行方向;空格键暂停或继续游戏;在随机的地方产生食物;蛇吃到食物身体就变长;蛇碰到四周墙壁或自身则游戏结束。

5.2　本项目的实训目的

通过本项目的训练,培养读者学会综合运用 Java Swing 图形用户界面编程中的相关知识(容器类(JFrame 类、JPanel 类)、布局管理器类、命令按钮类、文本框类、对话框类、Java 事件处理机制和处理过程)解决实际问题的能力,使读者熟悉应用系统的开发过程,培养读者的独立思考能力,提高工程实践能力。

5.3　本项目所用到的 Java 相关知识

本项目所用到的知识有 JFrame 类的使用、JPanel 类的使用、paint()方法和 repaint()方法、键盘监听事件的处理过程、javax.swing.Timer 类的使用,这些内容在前面的几个项目中都有详细的介绍,这里不再详述。

5.4　本项目的功能需求分析

本项目主要是完成《贪吃蛇》游戏的基本操作:实现贪吃蛇的蛇身移动、随机生成食物、蛇吃到食物身体增长、碰到墙壁或自身结束游戏。所以本项目需要满足以下几点要求。

(1) 利用上、下、左、右方向键来改变蛇的运行方向。
(2) 空格键暂停或继续游戏,并在随机的地方产生食物。
(3) 吃到食物蛇身就增长一格,碰到墙壁或自身则游戏结束,否则正常运行。

《贪吃蛇》游戏的核心算法是如何实现移动和吃掉食物,没有碰到食物时,把当前运动方向上的下个节点作为蛇头节点,并以蛇节点的颜色绘制这个节点,然后把蛇尾节点删除,最后重绘屏幕,这样就可以达到蛇移动的效果。而在吃到食物时,则只需把食物节点作为头节点即可。

通过上述分析,本项目需要设计实现出如图 5-1 所示的游戏窗口。

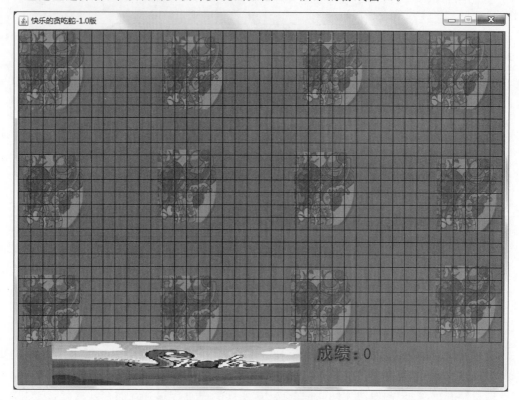

图 5-1 《贪吃蛇》游戏窗口

5.5 本项目的设计方案

根据上述需求分析可知,需要首先创建一个如图 5-1 所示的游戏主窗口,在该窗口中添加一个游戏面板,实现贪吃蛇的蛇身移动、随机生成食物、蛇吃到食物身体增长、碰到墙壁或自身结束游戏的效果。

5.6 本项目的实现过程

要想完成本项目,需要分为两步:首先要利用 Java Swing 提供的组件创建出如图 5-1 所示的静态窗口,然后搭建游戏墙,最后利用计时器和键盘事件实现游戏效果。

1. 搭建含有菜单的游戏主窗口

创建一个窗体类 HappySnake(继承 JFrame 类),作为主程序(包含 main()方法)。
代码如下:

```
public class HappySnake extends JFrame {
    //构造方法:初始化游戏窗口
    public HappySnake(){
        this.setTitle("快乐的贪吃蛇-1.0版");      //设置窗体的标题
        this.setSize(820,580);                   //设置窗体的大小
```

```
        this.setLocationRelativeTo(null);                    //居中
        this.setResizable(false);                            //窗口大小不允许改变
        this.setDefaultCloseOperation(JFrame.EXIT_ON_CLOSE); //关闭窗口时,立即关闭软件
        this.setVisible(true);
    }
    public static void main(String[] args) {
        HappySnake f = new HappySnake();
    }
}
```

运行该程序,将会得到如图 5-2 所示的静态主窗口。

图 5-2　静态主窗口

2. 定义游戏面板类 SnakePanel 作为蛇的舞台,在该舞台上搭建游戏墙

该类用于实现游戏界面,在其中能及时画出游戏的过程,因此该类应继承 JPanel 类,并且重写 paint()方法。

代码如下:

```
public class SnakePanel extends JPanel {
    //游戏背景图片
    BufferedImage bg;
    //舞台的列数
    public static final int COLS = 40;
    //舞台的行数
    public static final int ROWS = 25;
    //舞台格子的大小
    public static final int CELL_SIZE = 20;
```

```java
//构造方法:窗口初始化
public SnakePanel() {
    try {//读取背景图片bgSnake.jpg给bg变量
        bg = ImageIO.read(new File("bgSnake.jpg"));
    } catch (IOException e) {
        // TODO Auto-generated catch block
        e.printStackTrace();
    }
}
//画出游戏墙上的网格线,行在y轴方向上,列在x轴方向上
public void paintWallGrid(Graphics g) {
    for (int i = 0; i < COLS; i++) {
        for (int j = 0; j < ROWS ; j++) {
            //每个小方格的宽和高是20
            g.drawRect(i * 20, j * 20, 20, 20);
        }
    }
}
//重写paint()方法
public void paint(Graphics g) {
    super.paint(g);
    g.drawImage(bg, 0, 0, null);
    paintWallGrid(g);                              //画出游戏墙
}
}
```

3. 向主窗口内添加一个游戏面板对象

(1) 在HappySnake类中定义游戏面板SnakePanel的对象。

```java
SnakePanel spanel;                                 //定义游戏面板对象
```

(2) 在构造方法中创建SnakePanel对象spanel。

```java
spanel = new SnakePanel();
```

(3) 在构造方法中将spanel对象添加到主窗口中。

```java
this.add(spanel);
```

这时运行程序会得到如图5-3所示的画有网格线的主窗口。

4. 在游戏墙上画出初始静态的蛇

分析：游戏墙可以看作一个由20行、10列的网格组成的二维数组,存储已经放下的小方块,行在y轴方向上,列在x轴方向上。其中,0表示空白,1表示有小方块。

(1) 定义Cell类,代表蛇身上的每个节点,该节点需要包含其在舞台上的位置和颜色信息。

```java
public class Cell {
    private int x;
    private int y;
    private Color color;
    public Cell() {
    }
    public Cell(int x, int y) {
        this.x = x;
        this.y = y;
        color = Color.RED;                         //默认颜色为红色
```

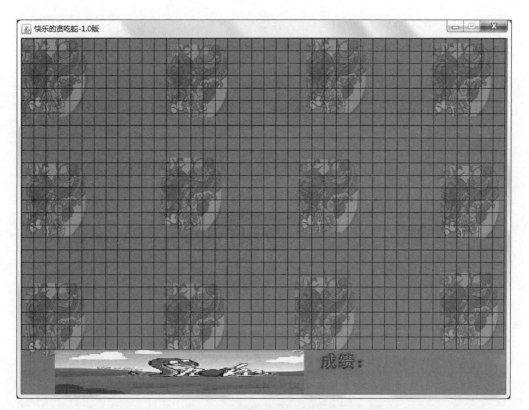

图 5-3 画有网格线的主窗口

```
    }
    public Cell(int x, int y, Color color){
      this.x = x;
      this.y = y;
      this.color = color;
    }
    public Color getColor() {
      return color;
    }

    public int getX() {
      return x;
    }

    public int getY() {
      return y;
    }
}
```

（2）在游戏面板 SnakePanel 类中定义存储蛇身上节点的集合对象 snake。

private LinkedList < Cell > snake = new LinkedList < Cell >();

（3）在游戏面板 SnakePanel 类中定义 init()方法，用来初始化蛇身并保存到 snake 集合对象中。

/* 创建默认的蛇：(31,0)(32,0)(33,0)…(39,0) */

```
private void init(){
    color = Color.RED;
    for(int x = 31, y = 0; x < 40; x++){
        snake.add(new Cell(x,y,color));
    }
}
```

（4）定义 SnakePanel 类的构造方法，在该构造方法中调用 init()方法完成蛇的初始化。

```
public SnakePanel() {
    init();
}
```

（5）在 SnakePanel 类中定义 paintSnake()方法，该方法用于画出当前蛇。

```
public void paintSnake(Graphics g) {
    //g.setColor(this.color);
    for (Cell cell : snake) {
        g.setColor(cell.getColor());
        g.fillOval (cell.getX() * CELL_SIZE,cell.getY() * CELL_SIZE, CELL_SIZE - 2, CELL_SIZE - 2);
    }
}
```

（6）修改 paint()方法，在该方法中调用 paintSnake()方法在舞台上画出初始的蛇身。

```
paintSnake(g);                                //画出蛇
```

这时运行程序会得到如图 5-4 所示的窗口。

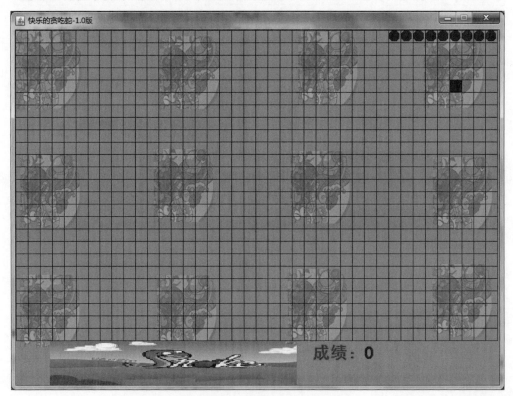

图 5-4　画有网格线和初始蛇的主窗口

该窗口中虽然画出了蛇,但是当前蛇只是静止的。那么如何让蛇动起来呢?

5. 当前蛇向左移动

如果想让蛇定时向左移动,首先应该向 snake 集合的首部添加一个 Cell 节点,同时删除其尾部一个节点,然后在舞台上重画该蛇。与《俄罗斯方块》游戏一样,这里也利用 javax.swing.Timer 类实现当前蛇移动的效果。

(1) 在 SnakePanel 类中定义方法 createHead(),用于生成蛇向左移动时的头节点。

```
private Cell createHead(){
        Cell head = snake.getFirst();
        int x = head.getX();
        int y = head.getY();
        x--;    //
        return new Cell(x,y);
}
```

(2) 在 SnakePanel 类中定义方法 creep(),用于当前蛇向左方向爬行一步。

```
public void creep(){
  snake.removeLast();
  snake.addFirst(createHead());
}
```

(3) 在 SnakePanel 类中定义定时器变量。

```
Timer timer;
```

(4) 在 SnakePanel 类中定义定时器监听类 TimerListener(作为 SnakePanel 类的内部类),该类实现 ActionListener 接口。

```
class TimerListener implements ActionListener {
      public void actionPerformed(ActionEvent e) {
          creep();                              //爬行一格
          repaint();                            //屏幕重绘
      }
}
```

(5) 在 SnakePanel 类的构造方法中创建定时器,每隔 0.5s 触发一次。

```
timer = new Timer(500, new TimerListener());
```

(6) 启动定时器。

```
timer.start();
```

此时运行该程序,发现该程序实现了当前蛇每隔 0.5s 向左移动一步的效果。但是这种移动只是计时器定时触发的,用户无法干预。

实际的游戏过程应该是用户能通过键盘方向键←、→、↑、↓控制蛇自由地向左、右、上、下移动。下面利用键盘监听接口来解决该问题。

6. 游戏规则的实现

规则 1:利用方向键←、→、↑、↓来改变蛇的运行方向。

分析:如果要想用键盘方向键←、→、↑、↓来控制蛇的移动,首先游戏面板应实现键盘接口 KeyListener,然后重写该接口中的 keyPressed()方法,实现键盘的如下操作。

方向键↑:蛇移动的方向变为向上移。

方向键↓：蛇移动的方向变为向下移。
方向键←：蛇移动的方向变为向左移。
方向键→：蛇移动的方向变为向右移。
空格键：暂停或继续游戏。

(1) 定义变量 currentDirection 和常量 LEFT、RIGHT、UP、DOWN。SnakePanel 类实现键盘接口 KeyListener。

```java
public class SnakePanel extends JPanel implements KeyListener{
    //其他代码省略
    //重写 keyPressed()方法
    public void keyPressed(KeyEvent e) {
        switch (e.getKeyCode()) {
            case KeyEvent.VK_LEFT:
                if(currentDirection!= RIGHT)
                currentDirection = LEFT;
                repaint();                    //屏幕重绘
                break;
            case KeyEvent.VK_RIGHT:
                if(currentDirection!= LEFT)
                currentDirection = RIGHT;
                repaint();                    //屏幕重绘
                break;
            case KeyEvent.VK_UP:
                if(currentDirection!= DOWN)
                currentDirection = UP;
                repaint();                    //屏幕重绘
                break;
            case KeyEvent.VK_DOWN:
                if(currentDirection!= UP)
                currentDirection = DOWN;
                repaint();                    //屏幕重绘
                break;
            case KeyEvent.VK_SPACE:
                if(timer.isRunning())
                    timer.stop();
                else timer.start();
            default:
                break;
        }
    }
    public void keyTyped(KeyEvent e) {
      //TODO Auto-generated method stub
        }
    @Override
     public void keyReleased(KeyEvent e) {
       //TODO Auto-generated method stub
        }
}
```

(2) 修改 createHead()方法，实现根据方向和当前的头节点，创建新的头节点的功能。

```java
private Cell createHead(int direction){
  Cell head = snake.getFirst();
```

```
    int x = head.getX();
    int y = head.getY();
  switch (direction) {
    case DOWN: y++; break;
    case UP: y--; break;
    case RIGHT: x++; break;
    case LEFT: x--; break;
  }
  return new Cell(x,y);
}
```

(3) 修改 creep()方法，实现按照蛇当前方向爬行一步的功能。

```
public void creep(){
  snake.removeLast();
  snake.addFirst(createHead(currentDirection));
}
```

这时，SnakePanel 既是游戏面板，又是键盘监听类，只需要在主窗口的构造方法中添加键盘监听即可。代码如下：

```
this.addKeyListener(spanel);
```

此时，运行该游戏程序，键盘的上、下、左、右方向键能操控当前蛇的移动方向了。

规则 2：在随机的地方产生食物。

分析：利用 Random 类在舞台内部生成随机数 x、y，将 x、y 构造成一个 Cell 对象作为食物，然后在舞台上将该食物画出即可。但在生成食物时要避开蛇的身体，即检查蛇身是否包含 (x,y)，如果蛇身包含 (x,y)，则重新生成 随机数 x、y，直到蛇身不包含 (x,y) 为止。

(1) 定义 contains()方法，实现判断蛇身是否包含 (x,y) 的功能。

```
public boolean contains(int x, int y) {
      return snake.contains(new Cell(x,y));
}
```

(2) 重写 Cell 类的 equals()方法。

因为集合中的 contains()方法在判断当前集合是否包含某一元素时，需要调用 equals()方法，所以应该重写 Cell 类的 equals()方法。

```
public boolean equals(Object obj) {
        if(obj == null){
             return false;
        }
        if(this == obj){                        //如果是同一个对象，返回 true
             return true;
        }
        if(obj instanceof Cell){
             Cell other = (Cell)obj;
             return this.x == other.x && this.y == other.y;
        }
        return false;
}
```

(3) 定义 createFood()方法，实现随机生成食物的功能。

```
private Cell createFood(){
```

```
        Random random = new Random();
        int x,y;
        do{
            x = random.nextInt(COLS);
            y = random.nextInt(ROWS);
        }while(contains(x,y));
        return new Cell(x,y,Color.blue);
    }
```

（4）在 SnakePanel 类中，定义食物变量。

```
Cell food = null;
```

（5）定义 paintFood()方法，在舞台上画出食物。

```
public void paintFood(Graphics g) {
    if(food == null)
    food = createFood();
    g.setColor(food.getColor());
    g.fill3DRect(food.getX() * CELL_SIZE,food.getY() * CELL_SIZE, CELL_SIZE, CELL_SIZE, true);
}
```

（6）在 paint()方法中调用 paintFood(Graphics g)方法，画出当前食物。

此时，运行该游戏程序，在舞台上能随机生成食物了。

规则 3：蛇吃到一个食物身体就增长一格，同时生成新食物。

分析：蛇在爬行时检查是否能够吃到食物，如吃到食物，蛇的长度会增加。

（1）在 SnakePanel 类中定义能否吃到食物的变量。

```
boolean eat = false;
```

（2）修改 creep()方法，创建头节点，判断头节点是否与食物重合，如果重合，则表明能吃到食物，这时只添加头节点，同时删除食物；否则就删除尾节点，添加头节点。

```
public void creep(){
        Cell head = createHead(currentDirection);       //创建新头节点
        eat = head.equals(food);                        //检查是否吃到食物
        if(!eat){
            snake.removeLast();
        }else{
            food = null;
        }
        snake.addFirst(head);
}
```

至此，该游戏实现了食物的随机生成以及蛇吃到食物的增长。

规则 4：蛇碰到四周边界或自身则游戏结束。

分析：游戏结束的条件是检查在新的运行方向上是否能够碰撞到四周边界和自身。其中，如果新头节点出界，则表示碰撞边界；如果新头节点包含在蛇的前 $n-1$ 节点范围内，则表示蛇碰到自己。

在 SnakePanel 类中定义 hit()方法，实现游戏是否结束的判断。

```
public boolean hit(){
    Cell head = createHead(currentDirection);
    if(head.getX()< 0 || head.getX()>= COLS ||
```

```
            head.getY()< 0 || head.getY()>= ROWS){
        return true;
    }
    return snake.subList(0, snake.size() - 1).contains(head);
}
```

然后修改 creep()方法,在蛇爬行过程中不断调用 hit()方法进行判断,如果 hit()方法返回值为 true,则游戏结束,弹出如图 5-5 所示的消息框。

图 5-5 游戏结束消息框

```
public void creep(){
        if(hit()){                          //如果条件为真则结束游戏,否则游戏继续
          timer.stop();
          JOptionPane.showMessageDialog(null, "game over!!!");
        }else{
          Cell head = createHead(currentDirection);    //创建新头节点
          eat = head.equals(food);                     //检查是否吃到食物
          if(!eat){
            snake.removeLast();
          }else{
            food = null;
          }
          snake.addFirst(head);
        }
    }
```

7. 画出游戏的成绩和所用时间

(1) 定义存放成绩的变量。

```
int score = 0;
```

(2) 定义 paintScore(Graphics g)方法,画出游戏的成绩。

```
public void paintScore(Graphics g) {
    g.setColor(Color.blue);
    Font f = getFont();
    Font font = new Font(f.getName(), Font.BOLD, 28);
    g.setFont(font);
    g.drawString("" + score, 580, 530);
}
```

(3) 修改 creep()方法,当蛇吃到食物时,成绩加 1。

```
public void creep(){
        if(hit()){
            timer.stop();
            JOptionPane.showMessageDialog(null, "game over!!!");
        }else{
          Cell head = createHead(currentDirection);    //创建新头节点
```

```
        eat = head.equals(food);                    //检查是否吃到食物
        if(!eat){
            snake.removeLast();
        }else{
            score++;
            food = null;
        }
        snake.addFirst(head);
    }
}
```

（4）在paint()方法中调用paintScore(Graphics g)方法，实现如图5-6所示的成绩绘制。

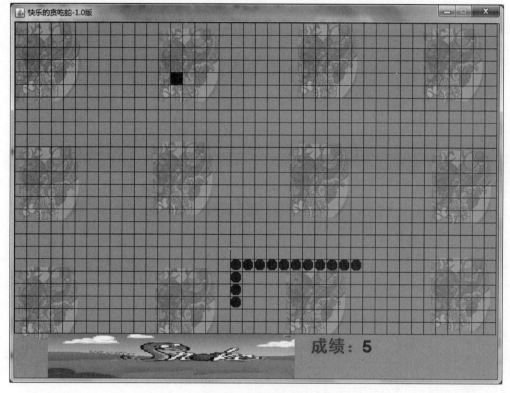

图 5-6　绘制游戏成绩

至此，简单的《贪吃蛇》游戏就开发完成了。

5.7　总　　结

希望读者通过本项目的开发练习，熟练掌握利用Java Swing图形用户界面编程、键盘事件的处理过程以及多线程编程开发游戏的方法。在学完之后可以仿照《俄罗斯方块》游戏的实现方法添加一些控制游戏的功能，进一步修改、完善本游戏。

项目 6　简单聊天室的设计与实现

6.1　本项目的实训目的

通过本项目的训练，读者可以综合利用 Java Swing 图形用户界面、输入输出(I/O)流、多线程以及网络编程的相关知识，模仿腾讯的 QQ 聊天软件，编程设计实现一个简单的聊天室，从而锻炼读者综合运用 Java 的相关知识解决实际问题的能力。

6.2　本项目所用到的 Java 相关知识

1. Java Swing 图形用户界面知识

前面项目已经介绍过，在此不再重复。

2. I/O 流知识

前面项目已经介绍过，在此不再重复。

3. 多线程知识

1) 进程

进程是获取系统资源动态执行程序的一次过程。这个过程也是进程本身从产生、发展到最终消亡的过程。每个进程都有自己的内存空间。

多进程是指在操作系统中同时执行的多个应用程序。现代的多进程操作系统可以同时管理计算机系统中的多个进程(程序)，每个进程都拥有独立的系统资源，进程之间一般不相互占用系统资源，所以进程之间的通信一般比较困难。多进程运行和程序开发没有关系，多进程运行是由操作系统实现的。

因为 CPU 具备分时机制，所以操作系统中的多个进程能轮流使用 CPU 资源，甚至可以让多个进程共享操作系统所管理的某些资源，例如，Word 进程和"记事本"编辑器进程共享操作系统的剪贴板。

由于 CPU 执行速度非常快，使得所有进程好像在"同时"运行一样。

由此可见，进程是运行中的应用程序，是操作系统资源分配和独立运行的基本单位。每个进程都有独立的代码和数据空间。

2) 线程

线程是比进程更小的执行单位，它不是进程，但其行为很像进程。线程是在进程独立内存区域内部独立执行的流程，即线程是进程中的一段代码。一个进程在其执行过程中可以产生多个线程，这些线程可以同时存在、同时运行，形成多条执行线索，每条线索(即每个线程)都有其自身的产生、发展和消亡的过程。每个线程都有自己独立的运行栈和程序计数器。当然,这些线程也可以共享所在进程的内存单元(包括代码和数据),通过共享的内存单元来实现数据交换、实时通信与必要的同步操作。多线程是实现并发机制的一种有效手段。

进程和线程一样,都是实现并发的一个基本单位。线程和进程的主要差别体现在以下两方面。

(1) 同样作为基本的执行单元,线程是划分得比进程更小的执行单位。

(2) 每个进程都有一段专用的内存区域。与此相反,线程却共享内存单元。

3) 创建线程

创建线程的方式有两种:一种是定义 java.lang.Thread 类的子类,在该子类中重写父类的 run() 方法,然后使用该子类创建线程对象;另一种是定义实现 java.lang.Runnable 接口的类,将该类的对象作为 Thread 类的构造方法的参数,创建线程对象。

在本项目中将采用继承 Thread 类的方式创建线程。创建线程的步骤如下。

第一步:创建 Thread 类的子类。

第二步:重写 run() 方法;run() 方法规定线程对象的行为和功能。Thread 类中的 run() 方法中没有任何操作语句,所以用户需要在 Thread 类的子类中重写 run() 方法。

第三步:创建线程对象。

第四步:调用 Thread 类中的 start() 方法启动线程。

注意,线程启动后并不会立即执行,这需要获取 CPU 的使用权后,才能自动调用 run() 方法运行。

4) 线程的生命周期

线程从创建到执行结束的整个过程称为线程的生命周期。任何线程在它的完整生命周期中一般要经历 5 种状态,即新建、就绪、运行、阻塞、死亡。线程状态之间的关系如图 6-1 所示。

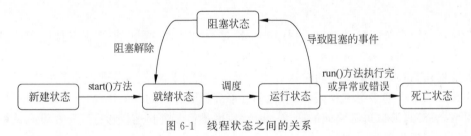

图 6-1　线程状态之间的关系

4. 网络编程知识

所谓网络编程就是通过使用套接字来实现进程间通信的编程。网络编程从大的方面说就是从信息的发送到接收的过程,其主要工作就是在发送端把信息通过规定的协议封装成包,在接收端按照规定的协议把包进行解析,从而提取出对应的信息,达到通信的目的。

套接字(Socket)是一种基于网络通信的接口,是一种软件形式的抽象表述,用于表达两台机器之间在一个连接上的两个"终端",即针对一个连接,每台机器上都有一个套接字,它们之间有一条虚拟的线缆,线缆的每一端都插入一个套接字里。套接字为程序员屏蔽了网络的底层细节,例如媒体类型、信息包的大小、网络地址、信息的重发等。

Java 的套接字网络通信方式有如下两种。

基于 TCP:使用 TCP 实现可靠的、点对点的网络通信,包括客户端套接字和服务器端套接字。

基于 UDP：使用 UDP 实现不可靠的、快速的网络通信，包括用户数据报套接字和广播数据报套接字。

在这里采用基于 TCP 的套接字网络编程方法实现本项目。

1) TCP/IP

网络上计算机之间的通信必须遵循一定的协议，目前最常用的网络协议是 TCP/IP。

TCP/IP 是一种网络通信协议，它规范了网络上的所有通信设备，尤其是一个主机与另一个主机之间的数据往来格式以及传送方式。TCP/IP 在 Internet 中几乎可以无差错地传送数据，因此，它常被称为事实上的国际标准网络协议。

2) 基于 TCP 的 Socket 网络编程原理

TCP 套接字用于在主机和 Internet 之间建立可靠的、双向的、持续的、点对点的流式连接。一个套接字可以用来建立 Java 的输入输出系统到其他的驻留在本地机或 Internet 上的任何机器的程序的连接。

利用基于 TCP 的 Socket 通信编程接口编写网络程序，其目的是在 TCP/IP 所组建网络的不同机器之间利用客户/服务器(C/S)模式建立通信连接。为建立该连接，开发人员要提供服务器的 IP 地址和端口等基本的连接信息。

Socket 通信的工作原理如下。

(1) 服务器端监听某个端口是否有连接请求。

(2) 客户端向服务器端发出连接请求。

(3) 服务器端向客户端发回接收消息并建立连接。

(4) 服务器端和客户端之间通过 Socket 对象的 getInputStream() 和 getOutStream() 方法来得到对应的输入输出流，实现通信过程。

其中，Socket 是网络上运行的两个程序间双向通信的一端，它既可以接受请求，也可以发送请求，利用它可以较为方便地编写网络上数据的传递。

以机器 A 通过 TCP/IP 与机器 B 进行网络通信为例，对于机器 A 来说需要知道如下信息：机器 B 的 TCP/IP 地址；与机器 B 中哪个进程（或软件系统）联系。

以上两个信息在套接字中分别表示为机器 B 的地址和机器 B 的通信端口。通过在同一机器的不同通信软件中定义不同端口地址，来表示机器 A 是与机器 B 中哪套系统通信。

基于 TCP 的 Socket 网络编程原理如图 6-2 所示。

Socket 数据流传递过程如图 6-3 所示。

3) 基于 TCP 的网络编程用到的类

(1) ServerSocket 类。

开发 TCP 程序时，首先需要创建服务器端程序。JDK 的 java.net 包提供一个 ServerSocket 类，该类的实例对象可以实现一个服务器端的程序。ServerSocket 类提供多种构造方法。

ServerSocket(int port)：创建绑定到特定端口的服务器套接字。

使用该构造方法在创建 ServerSocket 对象时，将其绑定到一个指定的端口号上（参数 port 就是端口号）。

ServerSocket 类的常用方法如下。

getInetAddress()：返回此服务器套接字的本地地址。

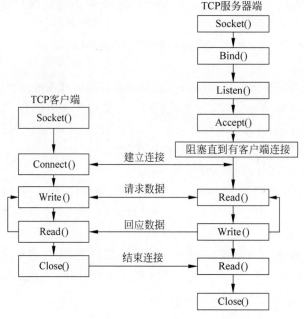

图 6-2 基于 TCP 的 Socket 网络编程原理

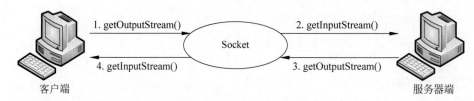

图 6-3 Socket 数据流传递过程

accept()：侦听并接收到此套接字的连接。

当执行了 accept()方法之后，服务器端程序会发生阻塞，直到客户端发出连接请求，accept()方法才会返回一个 Scoket 对象用于和客户端实现通信，程序才能继续向下执行。

ServerSocket 的工作步骤如下。

第一步：根据指定端口创建一个新的 ServerSocket 对象。

第二步：调用 ServerSocket 的 accept()方法，在指定的端口监听到来的连接。accept()方法一直处于阻塞状态，直到有客户端试图建立连接。这时 accept()方法返回连接客户端与服务器端的 Socket 对象。

第三步：调用 getInputStream()方法或 getOutputStream()方法建立与客户端交互的输入输出流。

第四步：服务器端与客户端根据一定的协议交互，直到关闭连接。

第五步：关闭服务器端的 Socket。

(2) Socket 类。

ServerSocket 对象可以实现服务端程序，还需要一个客户端程序与之交互，为此 JDK 提供了一个 Socket 类，用于实现 TCP 客户端程序。

Socket(String host，int port)：创建一个流套接字并将其连接到指定主机上的指定端口号。使用该构造方法在创建Socket对象时,根据参数去连接在指定地址和端口上运行的服务器程序,其中参数host接收的是一个字符串类型的IP地址。

Socket(InetAddress address, int port):创建一个流套接字并将其连接到指定IP地址的指定端口号。参数address用于接收一个InetAddress类型的对象,该对象用于封装一个IP地址。

Socket类的常用方法如下。

InputStream getInputStream():返回一个InputStream类型的输入流对象,如果该对象是由服务器端的Socket返回,就用于读取客户端发送的数据;反之,用于读取服务器端发送的数据。

OutputStream getOutputStream():返回一个OutputStream类型的输出流对象,如果该对象是由服务器端的Socket返回,就用于向客户端发送数据;反之,用于向服务器端发送数据。

void close():关闭Socket连接,结束本次通信。在关闭Socket连接之前,应将与Socket相关的所有的输入输出流全部关闭,这是因为一个良好的程序应该在执行完毕时释放所有的资源。

Socket的工作步骤如下。

第一步:根据指定地址和端口创建一个Socket对象。

第二步:调用getInputStream()方法或getOutputStream()方法打开连接到Socket的输入输出流。

第三步:客户端与服务器端根据一定的协议交互,直到关闭连接。

第四步:关闭客户端的Socket。

5. JSON技术

JSON(JavaScript Object Notation)是一种轻量级的数据交换格式。它基于ECMAScript(欧洲计算机协会(European Computer Manufacturers Association)制定的Java Script规范)的一个子集,采用完全独立于编程语言的文本格式来存储和表示数据。简洁和清晰的层次结构使得JSON成为理想的数据交换语言。JSON易于阅读和编写,同时也易于机器解析和生成,并有效地提升网络传输效率。

JSON的优点在于它的体积小,在网络上传输时可以更省流量,所以使用越来越广泛。解析JSON数据常采用JsonObject和JsonArray两种方式,使用这两种方式解析JSON数据均需要依赖json-lib.jar包。

1) JSONObject类

JSONObject是一种在Java中表示JSON对象的数据结构,它是一个在一对大括号内包含多个无序的键值对集合,每个键值对由冒号分隔。在Java中使用JSONObject,通常需要使用JSON库进行解析和操作。JSONObject常用方法如下。

(1) 创建JSONObject对象。

JSONObject jso = new JSONObject();

(2) 添加键值对。

put(String key, Object value)

其中 key 是唯一的，如果用相同的 key 则保留后面的值。

（3）获取指定键对应的值。

```
Object get(String key)
```

根据 key 值获取 JSONObject 对象中对应的 value 值，获取到的值是 Object 类型，需要手动转换为需要的数据类型。

（4）获取键值对的数量。

```
int size()
```

（5）判断该 JSONObject 对象是否为空。

```
boolean isEmpty()
```

（6）根据 key 获取对应的 JSONObject 数组。

```
JSONArray getJSONArray(String key)
```

如果 JSONObject 对象中的 value 是一个 JSONObject 数组，即根据 key 获取对应的 JSONObject 数组。

（7）根据 key 清除某一个键值对。

```
Object remove(Object key)
```

（8）获取 JSONObject 中所有键的集合。

```
Set < String > keySet()
```

获取 JSONObject 中的 key，并将其放入 Set 集合中。

（9）将 JSONObject 转换为字符串。

```
toJSONString()
```

2）JSONArray 类

JSONArray 是一种在 Java 中表示 JSON 数组的数据结构，它是在一对方括号内包含零个或多个 JSON 值的有序集合。JSONArray 可以包含不同类型的值，如字符串、数字、对象或其他数组等。在 Java 中使用 JSONArray，通常需要使用 JSON 库进行解析和操作。

JSONArray 类常用操作也包含创建 JSONArray 对象、添加元素、获取元素、遍历元素等，在这里就不一一介绍了。

6.3 本项目的功能需求分析

本项目实现 C/S 模式的网络聊天室，项目分为客户端程序和服务器端程序。

客户端程序需要实现的功能有新用户注册界面、聊天室登录界面、群聊界面、私聊界面等。

服务器端程序需要实现的主要功能有客户端监听、数据库管理（用户提交注册请求时向 chatuser 表中添加一条用户信息并反馈响应信息，用户请求登录时从 chatuser 表中查询用户信息并对客户进行响应等）、群聊管理和私聊管理等。

本项目需要实现的客户端的功能如图 6-4～图 6-7 所示。

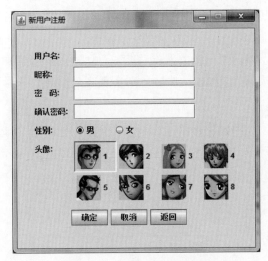

图 6-4 "新用户注册"界面

图 6-5 "聊天室登录"界面

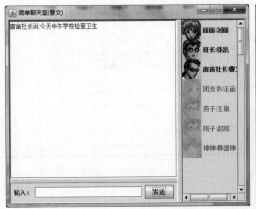

图 6-6 用户聊天界面—群聊

图 6-7 用户聊天界面—私聊

6.4 本项目的设计方案

根据需求分析可知，本项目需要开发出客户端程序、服务器端程序，其中服务器端需要访问数据库。因此，首先需要根据需求设计并创建出数据库，然后分别实现客户端和服务器端的程序设计与实现。

客户端项目结构如图 6-8 所示。

服务器端项目结构如图 6-9 所示。

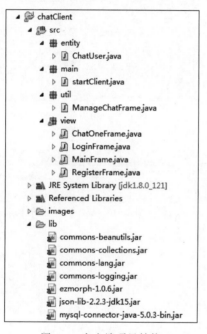

图 6-8　客户端项目结构

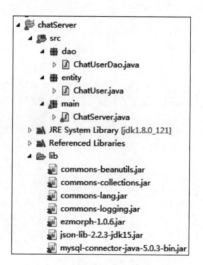

图 6-9　服务器端项目结构

6.5 本项目的实现过程

要完成本项目，首先要创建数据库以及相应的数据表，其次要进行服务器端程序的设计和客户端程序的设计。

1. 数据库的设计

数据库是网络聊天系统中非常重要的环节之一。本项目使用的是目前较为流行的 MySQL 数据库。

（1）创建数据库 chat。

SQL 命令：create database chat;

（2）创建用户信息表 chatuser。

因为本项目只简单地实现了在线聊天功能，所以在数据库中只创建一个表 chatuser，用于存放所有用户的基本信息，其表结构如表 6-1 所示。

表 6-1　chatuser 表结构

列　　名	数据类型	长　度	是否可空	是否为主键	说　　明
userName	varchar	10	否	是	用户名
nickName	varchar	10	否	否	昵称
password	varchar	10	否	否	密码
sex	varchar	2	否	否	性别
headImage	varchar	10	否	否	头像图片的相对路径

2. 客户端程序的设计与实现

1) 实体类 ChatUser

entity 包中的 ChatUser 类是数据库中的表 chatuser 对应的实体类，其中的属性对应数据表中的字段。通常情况下类名与表名一致，属性名和字段名(列名)一一对应。定义实体类的好处有：

(1) 对对象实体的封装，体现面向对象程序设计思想。

(2) 属性可以对字段定义和状态进行判断和过滤。

(3) 把相关信息用一个实体类封装后，在程序中可以把实体类作为参数传递，更加方便。

ChatUser 类的代码如下：

```java
package entity;
public class ChatUser {
    private String userName;          //用户名
    private String nickName;          //昵称
    private String password;          //密码
    private String sex;               //性别
    private String headImage;         //头像
    //属性的 getXxx()/setXxx()方法
    public String getUserName() {
        return userName;
    }
    public void setUserName(String userName) {
        this.userName = userName;
    }
    public String getNickName() {
        return nickName;
    }
    public void setNickName(String nickName) {
        this.nickName = nickName;
    }
    public String getPassword() {
        return password;
    }
    public void setPassword(String password) {
        this.password = password;
    }
    public String getSex() {
        return sex;
    }
    public void setSex(String sex) {
```

```java
            this.sex = sex;
        }
        public String getHeadImage() {
            return headImage;
        }
        public void setHeadImage(String headImage) {
            this.headImage = headImage;
        }
        //构造方法
         public ChatUser(String userName, String nickName, String password, String sex, String headImage) {
            this.userName = userName;
            this.nickName = nickName;
            this.password = password;
            this.sex = sex;
            this.headImage = headImage;
        }
        public ChatUser() {
            super();
        }
    }
```

2) 管理聊天窗口的类 ManageChatFrame

本类的主要作用就是防止同一个窗口多次创建打开的现象,利用本类可以有效地节约内存资源。

ManageChatFrame 类的代码如下:

```java
package util;
import java.util.HashMap;
import view.*;
//该类用来管理聊天窗口
public class ManageChatFrame {
    //注册窗口
    public static RegisterFrame register = new RegisterFrame();
    //登录窗口
    public static LoginFrame login = new LoginFrame();
    //一对一窗口:私聊
    //HashMap 的第一个参数存放发送方和接收方的用户名,第二个参数存放一对一聊天窗口对象
    public HashMap<String, ChatOneFrame> hm = new HashMap<String, ChatOneFrame>();
}
```

3) 用户登录窗口类 LoginFrame

该类主要实现了将用户名和密码传送给服务器端,然后利用线程类(GetLoginMsgFromServerThread)从服务器端接收登录请求的反馈结果,最后对反馈的结果进行相应的处理。

LoginFrame 类代码如下:

```java
package view;
import java.awt.*;
import java.awt.event.*;
import java.io.*;
import java.net.*;
import java.util.ArrayList;
```

```java
import javax.swing.*;
import net.sf.json.JSONArray;
import net.sf.json.JSONObject;
import util.ManageChatFrame;
import entity.ChatUser;
public class LoginFrame extends JFrame implements ActionListener{
    private JPanel jp;
    private JButton btnLogin,btnCancel,btnRegister;
    private JLabel label1,lblName,lblPassword;
    private JTextField txtName;
    private JPasswordField txtPassword;
    private JCheckBox jcb1,jcb2;
    Socket socket;
    //创建一个往套接字中写数据的管道,即输出流,给服务器发送信息
    PrintWriter out ;
    //创建一个从套接字中读数据的管道,即输入流,读服务器的返回信息
    BufferedReader in;
    //构造方法:初始化窗口
    public LoginFrame(){
        setTitle("聊天室登录");                              //设置窗口的标题
        jp = new JPanel(null);                              //容器设置为空布局
        label1 = new JLabel("欢 迎 使 用 本 聊 天 室!",JLabel.CENTER);
        label1.setFont(new Font("黑体", Font.BOLD, 20));    //设置字体、字形和字号
        lblName  = new JLabel("用户名:");
        txtName  = new JTextField();
        lblPassword = new JLabel("密     码:");
        txtPassword = new JPasswordField();
        btnLogin = new JButton(new ImageIcon("images/denglu.gif"));    //"登录"按钮
        btnCancel = new JButton(new ImageIcon("images/quxiao.gif"));   //"取消"按钮
        btnRegister = new JButton(new ImageIcon("images/xiangdao.gif")); //"注册"按钮
        jcb1 = new JCheckBox("自动登录");
        jcb2 = new JCheckBox("记住密码");
        //按钮注册监听对象
        btnLogin.addActionListener(this);
        btnCancel.addActionListener(this);
        btnRegister.addActionListener(this);
        //设置各个组件的坐标及大小
        label1.setBounds(0,30, 400, 20);
        lblName.setBounds(73, 90, 60, 20);
        txtName.setBounds(150, 90, 140, 20);
        lblPassword.setBounds(73, 120, 60, 20);
        txtPassword.setBounds(150, 120, 140, 21);
        jcb1.setBounds(100, 160, 80, 20);
        jcb2.setBounds(190, 160, 80, 20);
        btnLogin.setBounds(80, 200, 60, 30);
        btnCancel.setBounds(155, 200, 60, 30);
        btnRegister.setBounds(230, 200, 60, 30);
        //向面板中添加各个组件
        jp.add(label1);
        jp.add(lblName);
        jp.add(txtName);
        jp.add(lblPassword);
        jp.add(txtPassword);
        jp.add(jcb1);
```

```java
            jp.add(jcb2);
            jp.add(btnLogin);
            jp.add(btnCancel);
            jp.add(btnRegister);
            //向窗口中添加面板 jp
            this.add(jp);
            label1.setForeground(Color.BLUE);           //设置字体颜色
            this.setSize(380, 300);                     //设置窗口大小
            this.setLocationRelativeTo(null);           //设置窗口居中
            this.setResizable(false);                   //禁止改变大小
            this.setDefaultCloseOperation(JFrame.EXIT_ON_CLOSE);
    }
    //按钮事件处理
    public void actionPerformed(ActionEvent e) {
            Object obj = e.getSource();
            if(obj == btnLogin){
            //创建一个 Socket 对象,用于与服务器通信
            try {
            socket = new Socket("localhost",8800);
            //创建一个往套接字中写数据的管道,即输出流,给服务器发送信息
            out = new PrintWriter(socket.getOutputStream());
            //创建一个从套接字中读数据的管道,即输入流,读服务器的返回信息
            in = new BufferedReader(new InputStreamReader(socket.getInputStream()));
            //向服务器发送用户名+密码+类型(告诉服务器当前发送的是登录的用户名和密码),
            //采用 JSON 技术来实现
            String name = txtName.getText().trim();
            String password = new String(txtPassword.getPassword()).trim();
            if(!name.equals("")&&!password.equals("")){
                JSONObject jsonobj = new JSONObject();          //创建 JSON 对象
                jsonobj.put("username",name );
                jsonobj.put("password",password);
                jsonobj.put("type","login");
                out.println(jsonobj.toString());
                out.flush();
                new GetLoginMsgFromServerThread().start();   //启动从服务器端接收信息的线程
            }else{
                JOptionPane.showMessageDialog(null, "用户名或密码不能为空!");
            }
        } catch (UnknownHostException e1) {
            e1.printStackTrace();
        } catch (IOException e1) {
            e1.printStackTrace();
        }

        }else if(obj == btnCancel){
            txtName.setText("");
            txtPassword.setText("");
            txtName.requestFocus();
        }else if(obj == btnRegister){
            ManageChatFrame.register.setVisible(true);
            this.setVisible(false);
        }
    }
}
//线程类:用来接收从服务器端返回的登录信息
```

```java
class GetLoginMsgFromServerThread extends Thread{
    public void run() {
        while(true){
            String str = null;
            //读取一行信息
            try {
                str = in.readLine();
            } catch (IOException e) {
                e.printStackTrace();
            }
            //把信息转换为 JSON 对象
            JSONObject jsonObj = JSONObject.fromObject(str);
            String type = jsonObj.getString("type");
            if(type.equals("login")){
                //判断成立,说明是从服务器 Server 中的 login 完成后返回的信息
                //需要判断是否登录成功
                String userExist = jsonObj.getString("exist");
                if(userExist.equals("yes")){
                    //从 JSON 对象中获取登录用户信息,并封装为一个 User 对象
                    ChatUser user = new ChatUser();
                    JSONObject obj = jsonObj.getJSONObject("user");
                    user.setUserName(obj.getString("userName"));
                    user.setNickName(obj.getString("nickName"));
                    user.setPassword(obj.getString("password"));
                    user.setSex(obj.getString("sex"));
                    user.setHeadImage(obj.getString("headImage"));
                    //获取用户集合
                    JSONArray jsa = jsonObj.getJSONArray("allUser");
                    ArrayList<ChatUser> allUser = new ArrayList<ChatUser>();
                    int i = 0;
                    while(i<jsa.size()){
                        JSONObject jso = jsa.getJSONObject(i);
                        ChatUser user1 = new ChatUser();
                        user1.setUserName(jso.getString("userName"));
                        user1.setNickName(jso.getString("nickName"));
                        user1.setPassword(jso.getString("password"));
                        user1.setSex(jso.getString("sex"));
                        user1.setHeadImage(jso.getString("headImage"));
                        allUser.add(user1);
                        i++;
                    }
                    //打开聊天主窗口,将当前用户信息传递给主窗口
                    //并将 Socket 及其输入输出流也传递给主窗口,以使主窗口之间可以聊天
                    //将所有用户的集合也传给主窗口
                    MainFrame f = new MainFrame(user,allUser,socket);
                    f.setVisible(true);
                    //隐藏登录窗口
                    LoginFrame.this.setVisible(false);
                    //结束该线程
                    break;
                }else if(userExist.equals("no")){
                    JOptionPane.showMessageDialog(null,"用户名或密码不正确!!");
                }else{
                    JOptionPane.showMessageDialog(null,"您已经登录,不能重复登录!!");
```

```
          }
        }
      }
    }
  }
}
```

4）注册窗口类 RegisterFrame

该类主要利用 JSON 技术将用户注册的信息传送给服务器端，然后从服务器端接收反馈结果，最后对反馈的结果进行相应的处理。

RegisterFrame 代码如下：

```java
package view;
import java.awt.*;
import java.awt.event.*;
import java.io.*;
import java.net.Socket;
import javax.swing.*;
import entity.ChatUser;
import net.sf.json.JSONArray;
import net.sf.json.JSONObject;
public class RegisterFrame extends JFrame {
    private JPanel p;
    private JLabel lblName, lblNickname, lblPwd, lblRePwd, lblSex, lblImage;
    private JTextField txtName, txtNickname;              //用户名和昵称
    private JPasswordField txtPwd, txtRePwd;              //密码框
    private JRadioButton rbMale, rbFemale;                //性别：单选按钮
    ButtonGroup bgsex, bgHeadimage;
    private JRadioButton[] headImages;                    //头像按钮
    private JButton btnOk, btnCancle, btnReturn;
    private String checkedHeadImage = "1.gif";            //默认头像
    Socket socket;
    //创建一个往套接字中写数据的管道,即输出流,给服务器发送信息
    PrintWriter out ;
    //创建一个从套接字中读数据的管道,即输入流,读服务器的返回信息
    BufferedReader in;
    public RegisterFrame() {
            super("新用户注册");
            //组件初始化
            p = new JPanel(null);
            lblName = new JLabel("用户名:");
            lblNickname = new JLabel("昵称:");
            lblPwd = new JLabel("密 码:");
            lblRePwd = new JLabel("确认密码:");
            lblSex = new JLabel("性别:");
            lblImage = new JLabel("头像:");
            txtName = new JTextField(20);
            txtNickname = new JTextField(20);
            txtPwd = new JPasswordField(20);
            txtRePwd = new JPasswordField(20);
            rbMale = new JRadioButton("男");
            rbMale.setSelected(true);
            rbFemale = new JRadioButton("女");
            bgsex = new ButtonGroup();
```

```java
        bgsex.add(rbMale);
        bgsex.add(rbFemale);                              //使性别互斥,实现单选
        //头像
        JPanel headimagep = new JPanel(new GridLayout(2, 4));
        headImages = new JRadioButton[8];
        bgHeadimage = new ButtonGroup();
        for (int i = 0; i < headImages.length; i++) {
            headImages[i] = new JRadioButton(String.valueOf(i + 1),
                new ImageIcon("images/" + (i + 1) + ".gif"));
            bgHeadimage.add(headImages[i]);               //互斥
            headimagep.add(headImages[i]);
            headImages[i].addItemListener(new ImageLis()); //注册监听,实现图片边框
        }
        headImages[0].setSelected(true);
        //命令按钮
        btnOk = new JButton("确定");
        btnCancle = new JButton("取消");
        btnReturn = new JButton("返回");
        //给各组件设置绝对位置和大小
        lblName.setBounds(30, 30, 60, 25);
        txtName.setBounds(95, 30, 200, 25);
        lblNickname.setBounds(30, 60, 60, 25);
        txtNickname.setBounds(95, 60, 200, 25);
        lblPwd.setBounds(30, 90, 60, 25);
        txtPwd.setBounds(95, 90, 200, 25);
        lblRePwd.setBounds(30, 120, 60, 25);
        txtRePwd.setBounds(95, 120, 200, 25);
        lblSex.setBounds(30, 150, 60, 25);
        rbMale.setBounds(95, 150, 60, 25);
        rbFemale.setBounds(160, 150, 60, 25);
        lblImage.setBounds(30, 180, 60, 25);
        headimagep.setBounds(95, 180, 280, 100);
        btnOk.setBounds(90, 290, 60, 25);
        btnCancle.setBounds(155, 290, 60, 25);
        btnReturn.setBounds(220, 290, 60, 25);
        //将各组件添加到中间容器 p 中
        p.add(lblName);
        p.add(txtName);
        p.add(lblNickname);
        p.add(txtNickname);
        p.add(lblPwd);
        p.add(txtPwd);
        p.add(lblRePwd);
        p.add(txtRePwd);
        p.add(lblSex);
        p.add(rbMale);
        p.add(rbFemale);
        p.add(lblImage);
        p.add(headimagep);
        p.add(btnOk);
        p.add(btnCancle);
        p.add(btnReturn);
        //将中间容器添加到窗口中
        this.add(p);
```

```java
        this.setSize(400, 380);                              //大小
        this.setLocation(300, 300);                          //位置
        this.setResizable(false);                            //设置窗体不可改变大小
        this.setDefaultCloseOperation(JFrame.EXIT_ON_CLOSE);
        //"注册"按钮事件处理
        btnOk.addActionListener(new ActionListener() {
            public void actionPerformed(ActionEvent e) {
                //获取窗口中的内容
                String s1 = txtName.getText();
                String s2 = txtNickname.getText();
                char a[] = txtPwd.getPassword();
                String s3 = new String(a);
                char b[] = txtPwd.getPassword();
                String s4 = new String(b);
                String sex = "男";
                if(rbFemale.isSelected())
                    sex = "女";
                //对注册的用户名、昵称、密码等进行合法性判断
                if(s1.equals("")){
                    JOptionPane.showMessageDialog(null, "用户名不能为空");
                    return;
                }
                if(s2.equals("")){
                    JOptionPane.showMessageDialog(null, "昵称不能为空");
                    return;
                }
                if(s3.equals("")){
                    JOptionPane.showMessageDialog(null, "密码不能为空");
                    return;
                }
                if(!s3.equals(s4)){
                    JOptionPane.showMessageDialog(null, "密码与确认密码不一致");
                    return;
                }
                try {
                    //创建一个Socket对象,用于与服务器通信,向服务器发送注册请求
                    socket = new Socket("localhost",8800);
                    //创建一个往套接字中写数据的管道,即输出流,给服务器发送信息
                    out = new PrintWriter(socket.getOutputStream());
                    //创建一个从套接字中读数据的管道,即输入流,读服务器的返回信息
                    in = new BufferedReader(new InputStreamReader(socket.getInputStream()));
                    //向服务器发送用户名+密码+类型(告诉服务器当前发送的是登录的用户名和
                    //密码),采用JSON技术来实现
                    JSONObject jsonobj = new JSONObject();           //创建JSON对象
                    jsonobj.put("username",s1);
                    jsonobj.put("nickname",s2);
                    jsonobj.put("password",s3);
                    jsonobj.put("sex",sex);
                    jsonobj.put("headimage",checkedHeadImage);
                    jsonobj.put("type","register");
                    out.println(jsonobj.toString());
                    out.flush();
                    String str = null;
```

```java
            try {
                str = in.readLine();                //读取一行信息
            } catch (IOException e1) {
                e1.printStackTrace();
            }
            //把信息转换为JSON对象
            JSONObject jsonObj = JSONObject.fromObject(str);
            String type = jsonObj.getString("type");
            if(type.equals("register")){
                String register = jsonObj.getString("reg");
                if(register.equals("success"))
                    JOptionPane.showMessageDialog(null,"注册成功,请返回登录!!");
                else
                    JOptionPane.showMessageDialog(null,"注册失败,请检查注册信息!");
            }
        }catch(Exception e1){
            e1.printStackTrace();
        }
    }});
    //"返回"按钮事件处理
    btnReturn.addActionListener(new ActionListener() {
        public void actionPerformed(ActionEvent e) {
            //隐藏注册窗口
            RegisterFrame.this.setVisible(false);
            //显示登录窗口
            ManageChatFrame.login.setVisible(true);}
    );
    //"取消"按钮事件处理
    btnCancle.addActionListener(new ActionListener() {
        public void actionPerformed(ActionEvent e) {
            txtName.setText("");
            txtNickname.setText("");
            txtPwd.setText("");
            txtRePwd.setText("");
            rbMale.setSelected(true);
            txtName.requestFocus();
        }
    });
}
//内部类:头像选择监听类
class ImageLis implements ItemListener{
    public void itemStateChanged(ItemEvent e) {
        JRadioButton js = (JRadioButton)e.getSource();
        if(js.isSelected()){
            //显示图片的边框
            js.setBorderPainted(true);
            //将该图片设置为被选中的头像
            checkedHeadImage = js.getText() + ".gif";
        }else{
            //隐藏图片的边框
            js.setBorderPainted(false);
}}}}
```

5) 聊天室主窗口类 MainFrame

本类主要实现群聊信息的发送和接收、在线用户的高亮显示以及私聊窗口的创建等功能。

MainFrame 代码如下：

```java
package view;
import java.io.*;
import java.net.*;
import javax.swing.*;
import util.ManageChatFrame;
import net.sf.json.JSONArray;
import net.sf.json.JSONObject;
import entity.ChatUser;
import java.util.ArrayList;
import java.awt.*;
import java.awt.event.*;
public class MainFrame extends JFrame implements ActionListener,MouseListener,
    WindowListener {
    //JSplitPane 类是将容器分割成两部分的面板容器,可以水平或垂直分割
    private JSplitPane splitPaneV, splitPaneH;
    private JScrollPane jspContent;          //滚动面板:显示聊天信息
    private JPanel pRight;
    private JPanel pDown;
    private JTextArea txtContent;
    private JLabel lblSend;
    private JTextField txtSend;
    JScrollPane jsp;
    private JButton btnSend;                 //"发送"按钮
    ManageChatFrame mf;
    AcceptChatMagFromServerThread acmfst;
    private JPanel chartJp;
    private JLabel chartList[];
    //当前登录的用户信息
    private ChatUser user;
    //用于消息传递的套接字
    private Socket socket;
    //输入输出流
    private PrintWriter out;
    private BufferedReader in;
    //所有用户集合
    ArrayList<ChatUser> allUser;
    public MainFrame(ChatUser user,ArrayList<ChatUser> allUser,Socket socket) {
        this.user = user;
        this.allUser = allUser;
        this.setTitle("简单聊天室(" + user.getUserName() + ")");
        mf = new ManageChatFrame();
        txtContent = new JTextArea();
        txtContent.setEditable(false);
        jspContent = new JScrollPane(txtContent);
        pdown = new JPanel();
        lblSend = new JLabel("输入:");
        txtSend = new JTextField(20);
        btnSend = new JButton("发送");
```

```java
            pdown.add(lblSend);
            pdown.add(txtSend);
            pdown.add(btnSend);
            chartJp = new JPanel(new GridLayout(50,1));
            chartList = new JLabel[50];
            //所有用户
            for (int i = 0; i < allUser.size(); i++) {
        chartList[i] = new Label(allUser.get(i).getNickName() + ":" + allUser.get(i).getUserName(),
            new ImageIcon("images/" + allUser.get(i).getHeadImage()), JLabel.LEFT);
                chartJp.add(chartList[i]);
                if(allUser.get(i).getUserName().equals(user.getUserName()))
                    chartList[i].setEnabled(true);
                else
                    chartList[i].setEnabled(false);
                chartList[i].addMouseListener(this);
            }
            //将摆放了所有用户的面板放到滚动面板中
            jsp = new JScrollPane(chartJp);
            pRight = new JPanel(new BorderLayout());
            //将滚动面板放到右边
            pRight.add(jsp);
            //垂直分割成上下两部分,分别安排 jspContent 和 pDown
            splitPaneV = new JSplitPane(JSplitPane.VERTICAL_SPLIT, jspContent, pDown);
            //设置分割条的位置
            splitPaneV.setDividerLocation(320);
            //水平分割成左右两部分,分别安排 splitPaneV 和 pRight
            splitPaneH = new JSplitPane(JSplitPane.HORIZONTAL_SPLIT, splitPaneV,
                    pRight);
            //设置分割条的位置
            splitPaneH.setDividerLocation(350);
            this.add(splitPaneH);
            this.setSize(500, 400);
            this.setLocation(300, 300);
            this.setResizable(false);
            this.setDefaultCloseOperation(JFrame.EXIT_ON_CLOSE);
            try {
              out = new PrintWriter(socket.getOutputStream());
                //创建一个从套接字中读数据的管道,即输入流,读服务器的返回信息
                in = new BufferedReader(new InputStreamReader(socket.getInputStream()));
            } catch (Exception e) {
                e.printStackTrace();
            }
            btnSend.addActionListener(this);
            //启动接收服务器的返回信息线程
            acmfst = new AcceptChatMagFromServerThread(in,out);
            acmfst.start();
    }
    public void actionPerformed(ActionEvent e) {
      if (!txtSend.getText().trim().equals("")) {
            String str = MainFrame.this.user.getNickName() + "说:" + txtSend.getText();
            JSONObject jsonobj = new JSONObject();    //创建 JSON 对象
            jsonobj.put("msg",str);
            jsonobj.put("type","qun");
            out.println(jsonobj.toString());
```

```java
            out.flush();
            txtSend.setText("");
        }
    }
    public void mouseClicked(MouseEvent e) {
        if(e.getClickCount() == 2){
            //得到该用户的昵称和用户名
            String str = ((JLabel)e.getSource()).getText();
            String a[] = str.split(":");
            ChatOneFrame f = mf.hm.get(user.getUserName() + a[1]);
            if(f == null){
                f = new ChatOneFrame(user.getUserName(),a[1],out);
                mf.hm.put(user.getUserName() + a[1], f);
            }
            f.setVisible(true);
        }
    }
    public void mousePressed(MouseEvent e) {

    }
    public void mouseReleased(MouseEvent e) {

    }
    public void mouseEntered(MouseEvent e) {
        JLabel jlb = (JLabel)e.getSource();
        jlb.setForeground(Color.red);
    }
    public void mouseExited(MouseEvent e) {
        JLabel jlb = (JLabel)e.getSource();
        jlb.setForeground(Color.black);
    }
    //线程类:用来接收从服务器端返回的信息
    class AcceptChatMagFromServerThread extends Thread{
        //Socket socket;
        BufferedReader in = null;
        PrintWriter out = null;
        public AcceptChatMagFromServerThread(BufferedReader in,PrintWriter out){
            this.in = in;
            this.out = out;
        }
        public void run() {
            while(true){
                String str = null;
                //读取一行信息
                try {if(in!= null)
                    str = in.readLine();
                } catch (IOException e) {
                    e.printStackTrace();
                }
                //把信息转换为JSON对象
                if(str!= null){
                    JSONObject jsonObj = JSONObject.fromObject(str);
                    String type = jsonObj.getString("type");
                    if(type.equals("qun")){
```

```java
            String msg = jsonObj.getString("msg");
            //在文本域中显示聊天信息
            txtContent.append(msg + "\n");
        }else if(type.equals("siliao")){
            String msg = jsonObj.getString("msg");
            String sendUserName = jsonObj.getString("send");
            String acceptUserName = jsonObj.getString("accept");
            //获取聊天窗口
            ChatOneFrame ctf = mf.hm.get(sendUserName + acceptUserName);
            //在文本域中显示聊天信息
            if(ctf == null){
                ctf = new ChatOneFrame(sendUserName,acceptUserName,out);
                mf.hm.put(sendUserName + acceptUserName,ctf);
            }
            ctf.setVisible(true);
            ctf.txtContent.append(msg + "\n");
        }else if(type.equals("newUserLogin")){
            JSONArray jsa = jsonObj.getJSONArray("allUserName");
            ArrayList<String> allusers = new ArrayList<String>();
            int i = 0;
            while(i < jsa.size()){
                String username = jsa.getString(i);
                allusers.add(username);
                i++;
            }
            for ( i = 0; i < allUser.size(); i++) {
                String a[] = chartList[i].getText().split(":");
                if(allusers.contains(a[1]))
                    chartList[i].setEnabled(true);
            }
}}}}}
public void windowOpened(WindowEvent e) {

}
public void windowClosing(WindowEvent e) {
        JSONObject jsonobj = new JSONObject();    //创建 JSON 对象
        jsonobj.put("type","quit");
        jsonobj.put("userName",user.getUserName());
        System.out.println(jsonobj.toString());
        out.println(jsonobj.toString());
        out.flush();
        try {
            in.close();
            out.close();
            socket.close();
        } catch (IOException e1) {
            e1.printStackTrace();
        }
        //结束接收信息的线程
        acmfst.destroy();
}
public void windowClosed(WindowEvent e) {

}
```

```java
        public void windowIconified(WindowEvent e) {

        }
         public void windowDeiconified(WindowEvent e) {

        }
         public void windowActivated(WindowEvent e) {

        }
         public void windowDeactivated(WindowEvent e) {

        }
}
```

6）私聊窗口类 ChatOneFrame

ChatOneFrame 代码如下：

```java
package view;
import java.awt.BorderLayout;
import java.awt.event.*;
import java.io.*;
import javax.swing.*;
import net.sf.json.JSONObject;
public class ChatOneFrame extends JFrame implements ActionListener{
    JPanel p;
    JScrollPane sp;
    JTextArea txtContent;
    JLabel lblName,lblSend;
    JTextField txtName,txtSend;
    JButton btnSend;
    PrintWriter out;
    String selfName;
    String otherName;
    public ChatOneFrame(String selfName,String otherName,PrintWriter out) {
       super(selfName + "与" + otherName + "聊天中...");
       this.out = out;
       this.selfName = selfName;
       this.otherName = otherName;
       txtContent = new JTextArea();
       //设置文本域只读
       txtContent.setEditable(false);
       sp = new JScrollPane(txtContent);
       lblSend = new JLabel("请输入:");
       txtSend = new JTextField(20);
       btnSend = new JButton("发送");
       p = new JPanel();
       p.add(lblSend);
       p.add(txtSend);
       p.add(btnSend);
       this.add(p, BorderLayout.SOUTH);
       this.add(sp);
       btnSend.addActionListener(this);
       this.setSize(500, 400);
    }
```

```
//"发送"按钮的事件处理
public void actionPerformed(ActionEvent e) {
    String str = txtSend.getText().trim();
    if (!str.equals("")) {
        String strSend = selfName + "说:" + txtSend.getText();
        JSONObject jsonobj = new JSONObject();        //创建 JSON 对象
        jsonobj.put("msg",strSend);
        jsonobj.put("type","siliao");
        jsonobj.put("send", selfName);
        jsonobj.put("accept",otherName);
        System.out.println(jsonobj.toString());
        out.println(jsonobj.toString());
        out.flush();
        txtSend.setText("");
}}}
```

7）项目主程序类 startClient

startClient 代码如下：

```
package main;
import util.ManageChatFrame;
public class startClient {
    public static void main(String[] args) {
        ManageChatFrame.login.setVisible(true);
    }
}
```

3. 服务器端程序的设计与实现

1）数据库访问类 ChatUserDao

Dao 类的主要目的是封装数据库访问，使得数据访问和业务逻辑分离，以达到解耦的目的。这样可以提高代码的可重用性，减少重复代码，提高系统的可维护性。

一般情况下，数据库中的每个表都对应一个 Dao 类，完成对该表的增、删、改、查等操作。这里的 ChatUserDao 类就封装了对 chatuser 表的各种操作。

ChatUserDao 代码如下：

```
package dao;
import java.sql.*;
import java.util.ArrayList;
import javax.swing.JOptionPane;
import entity.ChatUser;
public class ChatUserDao {
    //根据用户名和密码登录系统
    public ChatUser loginByNameAndPassword(String username, String password){
        ChatUser user = null;
        Connection con = null;
        PreparedStatement pstmt = null;
        ResultSet rs = null;
        try{
            //加载数据库驱动程序
            Class.forName("com.mysql.jdbc.Driver");
            //建立数据库连接
            con = DriverManager.getConnection("jdbc:mysql://localhost:3306/chat
                ?useUnicode = true&characterEncoding = utf8","root","123456");
```

```java
            //查看是否存在该用户
            pstmt = con.prepareStatement("SELECT * FROM chatuser where username = ?
                and password = ?");           //创建 PreparedStatment 对象
            pstmt.setString(1,username);
            pstmt.setString(2,password);
            rs = pstmt.executeQuery();         // 获取查询结果集
            //如果访问结果集中有数据,则用这些数据实例化 user 对象并返回
            if (rs.next())
             user = new ChatUser(rs.getString(1),rs.getString(2),rs.getString(3)
                    ,rs.getString(4),rs.getString(5));
        }catch(Exception e){
            e.printStackTrace();
            JOptionPane.showMessageDialog(null,"访问 chatuser 表失败!");
        }finally{
            try{
              if(rs!= null)
                  rs.close();
              if(pstmt!= null)
                  pstmt.close();
              if(con!= null)
                  con.close();
              }catch(Exception e){
                  e.printStackTrace();
            }
        }
        return user;
    }
    //查询所有用户
    public ArrayList<ChatUser> getAllUser(){
            ChatUser user = null;
            Connection con = null;
            PreparedStatement pstmt = null;
            ResultSet rs = null;
            ArrayList<ChatUser> allUser = new ArrayList<ChatUser>();
             try{
            //加载数据库驱动程序
            Class.forName("com.mysql.jdbc.Driver");
            //建立数据库连接
            con = DriverManager.getConnection("jdbc:mysql://localhost:3306/chat
                    ?useUnicode = true&characterEncoding = utf8","root","123456");
            //查看是否存在该用户
            pstmt = con.prepareStatement("SELECT * FROM chatuser"); //
            rs = pstmt.executeQuery();         //获取查询结果集
            //处理结果集:将结果集中的数据存放到 ArrayList 集合中
            while (rs.next()){
               user = new ChatUser(rs.getString(1),rs.getString(2),rs.getString(3),
                    rs.getString(4),rs.getString(5));
               allUser.add(user);
            }
        }catch(Exception e){
            e.printStackTrace();
            JOptionPane.showMessageDialog(null,"访问 chatuser 表失败!");
        }finally{
            try{
```

```java
                if(rs!= null)
                    rs.close();
                if(pstmt!= null)
                    pstmt.close();
                if(con!= null)
                    con.close();
            }catch(Exception e){
                e.printStackTrace();
            }
        }
        return allUser;
    }
    //添加新用户
    public boolean addChartUser(ChatUser user) {
        boolean bool = false;
        Connection con = null;
        PreparedStatement pstmt = null;
        ResultSet rs = null;
        try{
          //加载数据库驱动程序
          Class.forName("com.mysql.jdbc.Driver");
          //建立数据库连接
          con = DriverManager.getConnection("jdbc:mysql://localhost:3306/chat
              ?useUnicode = true&characterEncoding = utf8","root","123456");
          //添加用户信息
          pstmt = con.prepareStatement("insert into chatuser values(?,?,?,?,?)");
          pstmt.setString(1,user.getUserName());
          pstmt.setString(2,user.getNickName());
          pstmt.setString(3,user.getPassword());
          pstmt.setString(4,user.getSex());
          pstmt.setString(5,user.getHeadImage());
          int n = pstmt.executeUpdate();          //获取影响的行数
          if(n > 0)
            bool = true;
        }catch(Exception e){
          e.printStackTrace();
          JOptionPane.showMessageDialog(null,"向 chatuser 表添加新用户失败!");
        }finally{
            try{
                if(rs!= null)
                    rs.close();
                if(pstmt!= null)
                    pstmt.close();
                if(con!= null)
                    con.close();
            }catch(Exception e){
                e.printStackTrace();
            }
        }
        return bool;
    }
}
```

2）服务器端启动类 ChatServer

ChatServer 类代码如下：

```java
package main;
import java.io.*;
import java.net.*;
import java.util.*;
import dao.ChatUserDao;
import entity.ChatUser;
import net.sf.json.JSONObject;
//ChatServer.java 类作为服务器端接收客户端的请求信息,并将信息群发
public class ChatServer {
    ServerSocket serverSocket;
    //创建集合,存放已经登录的用户名和对应的 Socket
    HashMap<String,Socket> sockets = new HashMap<String,Socket>();
    //创建集合:存放每个 Socket 对应的线程对象
    HashMap<Socket,GetMsgFromClient> threads = new HashMap<Socket,
                                    GetMsgFromClient>();
    boolean newUserLogin = false;
    public ChatServer(){
      try {
        serverSocket = new ServerSocket(8800);
        System.out.println("Server Start...");
        while(true){
          //接收客户端套接字,每个客户端的 Socket 是不一样的
          Socket socket = serverSocket.accept();
          //开启一个线程接收客户端发来的信息并回送处理结果
          GetMsgFromClient gfc = new GetMsgFromClient(socket);
          threads.put(socket, gfc);
          gfc.start();
        }
      } catch (IOException e) {
            e.printStackTrace();
      }
    }
    //内部线程类:接收客户的聊天信息,并将结果反馈回客户端
    class GetMsgFromClient extends Thread {
            BufferedReader in;
            PrintWriter out;
            Socket socket;
            public GetMsgFromClient(Socket socket){
              this.socket = socket;
              try {
                //创建一个输出流
                out = new PrintWriter(socket.getOutputStream());
                //创建一个从套接字中读数据的管道,即输入流,读服务器的返回信息
                in = new BufferedReader(new InputStreamReader(
                        socket.getInputStream()));
            } catch (IOException e) {
                e.printStackTrace();
            }
        }
        public void run() {
          while (true) {
            try {Thread.sleep(50);
                //获取客户端传过来的信息
                String str = null;
```

```java
            if(in!= null){
                str = in.readLine();
                //将 str 转换为 JSON 对象
                JSONObject jsonobj = JSONObject.fromObject(str);
                String type = jsonobj.getString("type");
                if(type.equals("login")){
                    //如果是登录信息,则首先获取从客户端传过来的用户名和密码
                    String name = jsonobj.getString("username");
                    String pass = jsonobj.getString("password");
        //然后将用户名和密码传给 ChartUserDao 类中的
        //loginByNameAndPassword()方法,进行查询
        ChatUserDao cd = new ChatUserDao();
        ChatUser user = cd.loginByNameAndPassword(name, pass);
        //创建 JSON 对象:存放向客户端反馈登录成功与否的信息
        JSONObject jsonobjsend = new JSONObject();
        if(user == null){//如果用户不存在,则向客户端反馈如下不存在信息
            jsonobjsend.put("exist","no");
            jsonobjsend.put("type","login");
        }else{//如果用户存在,并且是首次登录,则向客户端反馈如下信息
            if(!sockets.containsKey(name)){
                sockets.put(jsonobj.getString("username"), socket);
                newUserLogin = true;
                ArrayList< ChatUser > allUser = cd.getAllUser();
                jsonobjsend.put("exist","yes");
                jsonobjsend.put("type","login");
                jsonobjsend.put("user",user);
                jsonobjsend.put("allUser",allUser);
            }else{//如果用户存在,但是已经登录,则向客户端反馈如下信息
                jsonobjsend.put("exist","success");
                jsonobjsend.put("type","login");
            }
        }
        // 将"向客户端反馈登录成功与否的信息"发送给客户端
        out.println(jsonobjsend.toString());
        out.flush();
    }else if(type.equals("qun")){
        //如果是群聊,则将信息转发给所有客户端
        String msg = jsonobj.getString("msg");
        JSONObject jsobj = new JSONObject();
        jsobj.put("msg", msg);
        jsobj.put("type", "qun");
        Collection< Socket > allSocket = sockets.values();
        for (Socket s:allSocket) {
            if(s!= null){
                PrintWriter out = new PrintWriter(s.getOutputStream());
                out.println(jsobj.toString());
                out.flush();
            }
        }
    }else if(type.equals("siliao")){
        //如果是私聊,则将信息转发给指定的客户端
        String msg = jsonobj.getString("msg");
        String sendUserName = jsonobj.getString("send");
        String acceptUserName = jsonobj.getString("accept");
```

```java
            //创建JSON对象,存放反馈给自己的信息
            JSONObject jsobj1 = new JSONObject();
            jsobj1.put("type","siliao");
            jsobj1.put("msg", msg);
            jsobj1.put("send", sendUserName);
            jsobj1.put("accept",acceptUserName);
            //发给自己
            out.println(jsobj1.toString());
            out.flush();
            //创建JSON对象,存放反馈给对方客户端的信息
            JSONObject jsobj2 = new JSONObject();
            jsobj2.put("type","siliao");
            jsobj2.put("msg", msg);
            jsobj2.put("send", acceptUserName);
            jsobj2.put("accept",sendUserName);
        Socket s = sockets.get(acceptUserName);
    //创建一个输出流
    if(s!= null){
        PrintWriter out1 = new PrintWriter(s.getOutputStream());
        out1.println(jsobj2.toString());
        out1.flush();
    }
}else if(type.equals("register")){
    String name = jsonobj.getString("username");
    String nickname = jsonobj.getString("nickname");
    String pass = jsonobj.getString("password");
    String sex = jsonobj.getString("sex");
    String headimage = jsonobj.getString("headimage");
    //将上述内容构造成一个ChartUser对象
    ChatUser user = new ChatUser(name,nickname,pass,sex,headimage);
    //调用ChartUserDao类中的addChartUser(user)方法,完成注册
    ChatUserDao cud = new ChatUserDao();
    boolean flag = cud.addChartUser(user);
    //创建JSON对象,存放反馈给客户端的信息
    JSONObject jsobj2 = new JSONObject();
    jsobj2.put("type","register");
    if(flag)
            jsobj2.put("reg","success");
    else
            jsobj2.put("reg","fail");
    out.println(jsobj2.toString());
    out.close();
}
else if(type.equals("quit")){
    String userName = jsonobj.getString("userName");
    Socket s = sockets.get(userName);
    if(s!= null){
    sockets.remove(userName);
    threads.get(s).destroy();
    //in.close();
    //out.close();
    s.close();
    }
        }
}
```

```java
        if(newUserLogin){
            JSONObject jsobj = new JSONObject();
            jsobj.put("type", "newUserLogin");
            Set <String> allUsers = sockets.keySet();
            ArrayList <String> allUserName = new ArrayList <String>();
            for (String s : allUsers) {
                allUserName.add(s);
            }
            jsobj.put("allUserName", allUserName);
            Collection <Socket> allSocket = sockets.values();
            for (Socket s:allSocket) {
                if(s!= null){
                    PrintWriter out = new PrintWriter(s.getOutputStream());
                    out.println(jsobj.toString());
                    out.flush();
                }
            }
        }
        if(!sockets.containsValue(socket)) break;
        }catch (Exception e) {
          e.printStackTrace();
        }}}}
        public static void main(String args[]) {
            new ChatServer();
        }
}
```

3) 实体类 ChatUser

该类与客户端的相同,在此不再重复。

6.6 总　　结

希望读者通过本项目的开发练习,熟练掌握利用网络编程、Java Swing 图形用户界面编程、输入输出流、泛型集合以及多线程编程相关知识开发网络通信程序的过程和方法。如果感兴趣,可以提出自己的想法(如添加好友、发送和接收文件等),进一步修改、完善该聊天室。

图书资源支持

感谢您一直以来对清华版图书的支持和爱护。为了配合本书的使用,本书提供配套的资源,有需求的读者请扫描下方的"书圈"微信公众号二维码,在图书专区下载,也可以拨打电话或发送电子邮件咨询。

如果您在使用本书的过程中遇到了什么问题,或者有相关图书出版计划,也请您发邮件告诉我们,以便我们更好地为您服务。

我们的联系方式:

清华大学出版社计算机与信息分社网站:https://www.shuimushuhui.com/

地　　址:北京市海淀区双清路学研大厦 A 座 714

邮　　编:100084

电　　话:010-83470236　010-83470237

客服邮箱:2301891038@qq.com

QQ:2301891038(请写明您的单位和姓名)

资源下载: 关注公众号"书圈"下载配套资源。

资源下载、样书申请

书圈

图书案例

清华计算机学堂

观看课程直播